JN076280

リスク

契約書

廃棄物

E票マニフェスト
D票マニフェスト
B2票マニフェスト
A票マニフェスト

マニフェスト

許可証
○県知事
丸 太郎

許可証

相談

法律

法律

実地確認

廃棄物業務
のルール

教育

図解超入門！

はじめての
廃棄物管理ガイド 改訂第2版

これだけは押さえておきたい知識と実務

坂本裕尚

一般社団法人 産業環境管理協会
Japan Environmental Management Association for Industry

ま　え　が　き

　この本は、排出事業者が知らなければいけない廃棄物管理のイロハから実務のポイントまでを、できるだけわかりやすく、そして網羅的にまとめたものです。基本的な本書の構成として、左ページには解説文、右ページにはそれを具体的にイメージできるようなイラストや図表を載せています。はじめて廃棄物管理の仕事をする読者は当然ながら、さらに理解を深めたい実務経験者の読者にも役立つような内容になっています。

　本書では、はじめに廃棄物管理の仕事が内包するリスクについて紹介しています。廃棄物を取り扱うことは、常にリスクと隣り合わせにあるということです。最近はちょっとした廃棄物処理法の違反でも簡単にニュースになります。たとえば、収集運搬業者が許可されていない種類の廃棄物を運搬するのは違反ですが、その廃棄物を委託した排出事業者も無許可業者への委託となり、それがニュースに取り上げられることがあります。このようなリスクをまず認識してもらうために、実際に起きた事例などを紹介しています。リスクを踏まえることで、廃棄物管理の業務を隈なく理解することの必要性が認識できると思います。

　筆者は産業廃棄物処理業を行う会社の法務部として、処理業者の実態を数多く目にしてきましたので、処理業者が陥りやすい不適正事例を認識しているつもりです。また、数多くの排出事業者から廃棄物管理に関する困りごとの相談を受けてきました。本書ではそれらの経験を活かし、排出事業者の目線から、廃棄物管理の実務をわかりやすく、体系的に解説することに努めました。

　この本の主人公は、はじめて廃棄物管理を学ぶ「五味丸 学くん」です。ページが進むにつれて成長する彼の姿を追うことで、読者も一緒に廃棄物管理についての理解を深めていって欲しいと思います。また、章末の彼と上司との会話のやりとりは、復習や業界話の紹介を兼ねていますので、ぜひそちらも息抜きとしてご覧ください。

　令和2年の廃棄物処理法改正の一部と、新型コロナウイルスをきっかけとしてのリモート監査なども広まりつつありますので、そのポイントを追加し、全体の内容も法改正に沿って更新しました。また、その他のさまざまな情報も最新のものに更新してあります。

　末筆ながら、本書が皆様の廃棄物管理にとって役に立つものとなり、少しでも企業のリスク最小化につながることをお祈りしています。

2021 年 11 月

坂本 裕尚

お断り：本書では、廃棄物の中でも排出事業者に関係の深い「産業廃棄物」の法的なルール等を主に解説しています。一般廃棄物の解説は一部に留めていることをご了承ください。

CONTENTS 目次

本書の読み方

は じめて廃棄物管理の担当者になった初心者は、廃棄物管理の仕事がなぜ重要かを知るために第1章から読みましょう。もう基礎は分かっていて実務のポイントを知りたい中級者は、第4章から読むことをおすすめします。

第1章
業務の前に知っておくべきこと

廃棄物の業務はリスクと隣り合わせです。この章では不適正事例から廃棄物を扱うリスクを認識し、処理業者の実態を紹介します。

第2章
廃棄物管理業務の5つのポイント

適正な廃棄物管理には"四位一体"での管理が必要です。内部監査などを活用することも有効です。

第3章
廃棄物の基礎知識

実務を学ぶ前に廃棄物の基礎知識を理解しておきましょう。廃棄物とは、排出事業者は誰なのか、廃棄物の処理の流れなどを解説します。

第4章
廃棄物管理の実務（法的義務編）

処理業者への委託手順を確認し、許可証、委託契約書、マニフェスト、廃棄物の保管など、排出事業者の実務について詳しく解説します。

第5章
処理業者への実地確認（努力義務編）

　リスク最小化のために監査はとても有効です。社内ルールから事前準備、処理業者ごとの確認ポイントを見ていきます。

第6章
廃棄物管理の継続的維持

　廃棄物の適正な管理は担当者が代わっても維持されなければなりません。最後の章では、維持していくための手法をいくつか紹介します。

第7章
水銀・（電子）マニフェスト改正

　適正な廃棄物管理のためには法改正への対応も不可欠です。水銀に関する法改正、電子マニフェストのポイント、注意点を解説します。

各章の対象レベル

共通	第7章　水銀・（電子）マニフェスト改正
管理者	第6章　廃棄物管理の継続的維持
管理者	第5章　処理業者への実地確認（努力義務編）
中級	第4章　廃棄物管理の実務（法的義務編）
中級	第3章　廃棄物の基礎知識
初級	第2章　廃棄物管理業務の5つのポイント
初級	第1章　業務の前に知っておくべきこと

登場人物紹介

ごみまる まなぶ
五味丸 学 くん
　大手食品メーカーに勤務する入社3年目のエネルギッシュボーイ。このたび品質管理部門から環境部門に配属され、はじめて廃棄物管理の業務をすることに。長所は何でも吸収しようとする前向きなところ。

えこの
江子野 みどり さん
　長年環境部門に在籍する廃棄物管理のエキスパート。学くんに廃棄物管理の何たるかを教えてくれる頼もしい上司であり、学くんの成長を楽しみにしている。

みどりさんの新人研修

　会社から出たこれらのゴミはすべて産業廃棄物なんですか？

　廃棄物の区分は大きく「産業廃棄物」と「一般廃棄物」に分かれるのよ。産業廃棄物は事業活動に伴って排出されるもので、汚泥や廃プラスチック類など20種類が法令で定められているわ。それ以外のものは一般廃棄物になるのよ。

　なるほど。ところで、産業廃棄物と一般廃棄物って何が違うんですか？

　いろいろあるけど簡単にいえば、産業廃棄物は排出事業者に処理の責任があり、一般廃棄物は市町村に処理の責任があるところね。

えっ? 排出事業者に責任があるってどういうことですか?

それは「排出事業者責任」と呼ばれているけど、つまり一番大事なことは、排出事業者は産業廃棄物を最後まで適正に処理する責任があるということね。

自分の会社で産業廃棄物を処理できないときは、廃棄物を処理する業者に処理を頼みますよね? そのときに「委託基準」というものを守らないといけないと聞いたんですが、それは何ですか?

いい質問ね。委託基準を要約すると、
・委託する廃棄物を処理できる許可をもっていること
・委託する前に委託契約を締結すること
・マニフェストを交付することが主に挙げられるわ。

廃棄物を処理する業者のことを「処理業者」というそうですが、そもそも処理業者とはどのような業者なんですか?

まずは廃棄物を運搬する「収集運搬業者」、その廃棄物を焼却や破砕などを行う「中間処理業者」、その中間処理業者の処理後の廃棄物、例えば焼却後の燃え殻を埋立処分する「最終処分業者」に大きく分かれるわね。

では廃棄物の収集運搬を委託する場合、収集運搬の許可をもっている業者であればいいんですね？

いや、許可をもっていればいいということではなく、その業者の許可証を確認して、委託する廃棄物の種類などが扱える業者かどうかを判断しないといけないわね。

なるほど。許可さえもっていればよいのではないのですね。普通免許では大型車の運転はできないようなものですかね。じゃあ、運転免許証みたいに有効期限があるんですか？

いいところに気づいたわね。そのとおりよ。「許可証」の有効期限切れが原因で無許可業者への処理委託になることもあるのよ。

委託基準の中で許可業者への処理委託のほかに、契約とマニフェストがありましたが、マニフェストって何ですか？

マニフェストとは、「委託する廃棄物が適正に処理されているか」が確認できる伝票のことよ。排出事業者は処理業者に処理を委託するときには必ずマニフェストを交付しなければならないのよ。それに交付したらそれで終わりではなく、処理業者から処理終了のたびにB2票、D票、E票などが返送されてくるから控え伝票との照合確認が必要になるのよ。

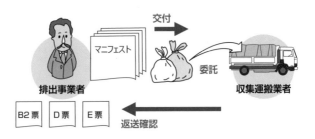

なるほど。そのマニフェストで最終処分終了の確認をすることによって、排出事業者責任を果たすということですね。

そうね。でもマニフェストの確認だけでは足りないこともあるのよ。実際、マニフェストE票で最終処分終了を確認していても処理委託した食品廃棄物が横流しされた事件もあったしね。だから排出事業者責任を果たすためには、処理業者への実地確認（監査）が重要になるのよ。

そうなんですね。でも中には悪い業者もいるかもしれないけど、処理業者の多くは問題ないんじゃないですか？　それにもし処理業者が何か不祥事を起こしたとしても、それはその業者の責任ですよね？

もう一度、排出事業者責任という言葉を思い出して！　もし処理業者が不適正処理を行った場合でも、その責任は排出事業者にもあるのよ。

そうか…。じゃあ処理業者が不適正な処理をするかどうかをどうやって見極めればいいんでしょう？

そのあたりを一言でいうのは難しいから、あとでじっくり説明するわ。でも廃棄物に関する排出事業者のリスクは思った以上に大きいということは理解しておいてね。じゃあ、まずは排出事業者のリスクから見ていきましょう！

第1章

業務の前に知っておくべきこと

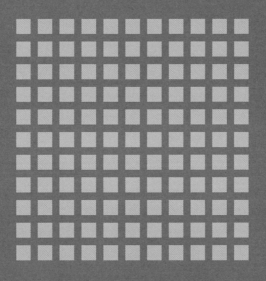

第1章　業務の前に知っておくべきこと

まず廃棄物管理を行うにあたっては、「廃棄物処理法」を守って業務を行うこととなります。業務上のミスが法令違反に直結してしまうことも現実には多々あります。したがって本章では、廃棄物管理という業務が常に法令違反のリスクと隣り合わせにあることを、実際に起きたニュースなどを例に挙げて見ていきます。そしてそのリスクの大きさを認識してもらい、本章の最後に処理業者の実態も紹介していきます。

1. 廃棄物管理は法を遵守する業務

廃棄物管理の業務は、ほかの業務にも増して法律を遵守する業務です。この業務にミスが起こると必然的に法令違反となり、それは会社にとってのリスクにつながります。

2. 排出事業者責任は最終処分終了まで

排出事業者の責任は、「処理業者に委託して終わり」というわけではありません。その廃棄物の最終処分が終了するまで、適正に処理する責任があります。

3. 法令違反をしたらどうなるのか？

もし法令違反を起こしたらどうなるのか。罰則や社名公表などのリスク、さらには社員の書類送検や逮捕などの事例も含めて、違反した場合のリスクの大きさを見ていきます。

4. あとを絶たない法令違反

リスクが実際に顕在化してしまった事例、ニュースとなってしまった事例について紹介し、「これは決して対岸の火事ではない」ということを改めて確認します。

5. 廃棄物処理法違反での検挙状況

新聞記事にはならなくとも、実際に多くの廃棄物担当者が書類送検や逮捕されています。世の中的にとても多い廃棄物事案の検挙状況とその理由について解説します。

6. 刑事罰と行政処分とはどう違うのか？

警察の捜査をきっかけに刑事裁判により罰金刑などが科される刑事罰。自治体から排出事業者に対して出される措置命令などの行政処分。この違いについて見ていきます。

7. そもそも処理業者は信用できるのか？

処理業者も不法投棄や不適正処理をすることがあります。なぜ処理業者は不適正な処理をする事態に陥ってしまうのか、その実態について処理業者目線で解説します。

●廃棄物管理の業務は…

廃棄物

許可証
○県知事
丸 太郎 印

E票マニフェスト
D票マニフェスト
B2票マニフェスト
A票マニフェスト

契約書

処分業者

廃棄物管理
業務担当者
＝
法を遵守する業務

法律

収集運搬業者

●法令違反をすると…

ミス

違法

書類送検

新聞記事に

さて、学くんはこれから廃棄物管理の実務を学んでいこうと意気揚々。はじめて勉強することばかりだけど、順序立ててひとつひとつ整理しながら体系的に学んでいこう！

1 廃棄物管理は
法を遵守する業務

廃棄物管理の業務は、**廃棄物処理法**[*1]という法律に基づいて行われます。したがって、廃棄物管理業務の中にひとつでも "抜け" や "漏れ" があると、それは即刻法令違反となってしまいます。ここが他の業務と大きく異なるところです。

もし仮に、**この "抜け" や "漏れ" があると、法律では罰則の対象**となります。例えば、処理委託契約書の未締結や記載不備があった場合には、3年以下の懲役もしくは300万円以下などの罰金となります（右ページの**両罰規定**[*2]にも注意）。

また、この廃棄物処理法は、毎年のように**法改正**[*3]があったり、環境省から**通知**[*4]が頻繁に出されたりしています。これがまた廃棄物処理法を読み解くのを困難にしている一因でもあると思われます。

第4章で解説する廃棄物管理の実務は、すべてこの法律に基づく業務であり必須事項です。実務を行うときはよく確認しておきましょう。

❶ 廃棄物に関するリスクは大きい

例えば物品の販売業を営む会社は、物品の流通や顧客サービスなど、物品販売業を滞りなく行うための業務を遂行するだけなら、それほど難しい法律はかかわらないでしょう。しかし、こと廃棄物管理に関しては、**ほとんどすべてが廃棄物処理法に則って業務を行う**ことになります。つまり、廃棄物管理のミスが法令違反に直結するという事態になってしまうのです。

❷ 社名報道は会社のリスクに

不適正な廃棄物処理が露見してニュースなどで社名が公表されることは、会社にとって大きなリスクのひとつです。それも一昔前までは、不法投棄に関するニュースが多かったのですが、**ここ最近では無許可業者への処理委託であっても簡単にニュースとして取り上げられてしまう**ようになってきました。この無許可業者への処理委託は、故意ではなくともヒューマンエラーで起こり得ることなのです。

例えば、収集運搬業者が許可の更新をし忘れているところに、たまたま排出事業者が確認を怠って委託すれば、これは結果的に無許可業者への委託になってしまいます。このような事例は本当によくあります。さらに令和2年には、豊島区職員24人が無許可業者への処理委託で書類送検された事案もありました。

このように、ここ最近は廃棄物に関する違反が簡単にニュースになりますので、自社の廃棄物管理やリスクを考えるうえでも、報道事例などで世の中の動きを追ってみるのもよいでしょう。

◉他の業務との違いは…

ほとんどすべて
「廃棄物処理法」
に則って業務を行う

◉会社のリスクとは…

ヒューマン
エラー → 直結 → ニュースで
社名が公表

マニフェスト未交付！
無許可業者への処理委託！

◉個人のリスクとは…

個人
&
法人にも

例えば、無許可業者への処理委託といった法令違反の場合、実務担当者個人を罰するとともに、さらに法人に対しても罰則が適用されます。これを両罰規定[*2]といいます。罰則[*5]は、違反行為をした者は当然ながら、その法人に対しても、5年以下の懲役もしくは1000万円以下の罰金（法人は3億円以下）が適用されます（法第32条）。

---

*1 **廃棄物処理法**：廃棄物の処理及び清掃に関する法律（昭和45年公布）（以下、「法」という）／目的：この法律は、①廃棄物の排出を抑制し、②廃棄物の適正な分別、保管、収集、運搬、再生、処分等の処理をし、③生活環境を清潔にすることにより、生活環境の保全及び公衆衛生の向上を図ることを目的としている。（法第1条）

*2 **両罰規定**：法令違反となった場合、法人の代表者又は法人、その従業員が業務に関して違反行為をしたときは、行為者を罰するほか、その法人に対してもより重い罰則が適用されるという規定。実際にこの規定は数々の判例でも見受けられる。

*3 **法改正**：廃棄物処理法も通知と同じように毎年のように改正されている。直近では、2020年4月から特別管理産業廃棄物の多量排出事業者は電子マニフェストの使用が義務化されるなどの改正があった。このように法改正が多いため、ただでさえ読みにくい法律をさらに難しくしているともいわれている。

*4 **通知**：廃棄物処理法は、いわゆるグレーな部分が多いといわれており、解釈についても拡大解釈や縮小解釈もあり得るため、法律の条文を補足する意味も含めて、毎年のように環境省から通知が出されている。

*5 **罰則**：8ページ参照。

2 排出事業者責任は最終処分終了まで

「**排**出事業者責任」という言葉をよく耳にすると思います。廃棄物処理法では、もともとのゴミ（廃棄物）を捨てる人、つまり**排出事業者**[*1]は、その廃棄物の最終処分が終了するまで、適正処理を見届ける責任があります。

つまり、排出事業者の直接の処理委託先となる**中間処理業者**[*2]や、その先の**最終処分業者**[*3]が、不法投棄や不適正処理などを行った場合でも、もともとの排出事業者に責任があり、それを「排出事業者責任」といいます。これは廃棄物処理法の根本的ルールとなります。

よく「最終処分業者に不法投棄されて対応に困っている」という話を耳にしますが、この責任は実際の事例にも多く適用されています。

❶ 排出事業者責任は最終処分終了まで

最終処分終了まで責任があるといっても、その最終処分業者とは接点がない、という人は多いと思います。また、そもそも最終処分業者が誰なのかよくわからないという人も多いでしょう。最終処分業者は、中間処理業者との委託契約の中に最終処分先一覧として明記されているはずです。しかし、例えば建設廃棄物の場合、時として最終処分業者が 30 ～ 40 社にものぼることがあります。このような場合であっても、最終処分が終了するまで排出事業者にその責任はついて回ります。

ではどうすればよいのでしょうか？　最終処分業者がわからない場合には、もし記載があるならマニフェストE票に書かれた業者名を確認するか、もしくは、中間処理業者に聞くしか方法はありません。

❷ 排出事業者責任を果たすための第一歩

さて、皆さんは排出事業者責任を果たすために何をしなければいけないのでしょうか。いくつか選択肢がありますが、まずは**「適正な処理業者を選択する」**ということだと思います。処理業者の選択基準としては次のようなところがポイントになるでしょう。

- コンプライアンスを重視している中間処理業者に委託
- 最終処分業者を定期的に監査している中間処理業者に委託（その監査報告書を確認することができればさらによい）

●排出事業者の責任範囲

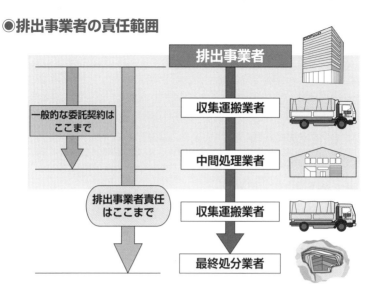

排出事業者

一般的な委託契約は
ここまで

収集運搬業者

中間処理業者

排出事業者責任
はここまで

収集運搬業者

最終処分業者

●排出事業者責任を果たすために

委託

コンプラ
重視

排出事業者　　中間処理業者

排出事業者

選択

確認できれば
GOOD！

監査
報告書

A　B　C

中間処理業者

定期監査の実施

最終処分業者

*1　**排出事業者**：一般的には、廃棄物の所有者、もしくは占有者が排出事業者になると解釈されている。ただし、建設工事に伴う廃棄物、いわゆる建廃については、建設工事を発注者から直接請け負った元請業者が排出事業者になる。

*2　**中間処理業者**：一般的には、排出事業者は、この中間処理業者に処理委託し、焼却、破砕、圧縮、中和、脱水などの処理を行う。この処理により、廃棄物を減量・減容化、安定化、無害化、再資源化する。

*3　**最終処分業者**：廃棄物を再生、埋立処分、海洋投入によって最終的に処分する業者のこと。したがって、「最終処分」という言葉は、埋立処分だけを指すのではなく、再資源化などの再生も含まれる。

3 法令違反をしたら どうなるのか?

　も　し法令違反をしたらどうなるのでしょうか? 罰金刑などの罰則が科され、社名が公表されたり、さらには違反を犯した会社役員や社員個人が**書類送検**[*1]又は逮捕されるなど、会社やその従業員にとっても最悪の事態となってしまいます。ここでは、その罰則や会社の受けるブランドのイメージダウンなどについて見ていきます。

❶ますます厳しくなる罰則

　排出事業者にかかる主な罰則は右表のとおりです。**廃棄物処理法は、数ある法律の中でも罰則が比較的厳しい法律である**といわれています。さらに、この罰則は年々重くなっており、例えば先の法改正で不法投棄の罰金が法人に対しては「1億円以下」から「3億円以下」に上限が引き上がるなど、ますます厳しさが増す傾向にあります。

❷遵法運用と違法運用は表裏一体

　コンプライアンスを重視している企業や、ISO14001の認証を受けている排出事業者はとても多いと思います。しかし、そのような排出事業者であっても、ちょっとしたことで無許可業者へ処理委託する可能性があります。**会社としてはコンプライアンス重視であっても、ヒューマンエラーや些細な担当者のミスで簡単に法令違反になります。**

　法令違反で検挙される会社やニュースになってしまう会社は、やはり大企業が多いと思います。そのような会社のホームページでは、「環境経営」「CSR重視!」などとよく謳っていますが、環境優良企業を標榜していても簡単に廃棄物処理法違反の事態に陥ることがあります。もしそうなってしまえば、それまでの努力が一瞬で水の泡です。

　さて、「○○企業廃棄物処理法違反」などと新聞に載ると、その企業はどうなってしまうでしょうか。いうまでもなく、社会的信用が失墜します。このような新聞記事を目にした人すべてが、その会社をよく思わなくなるでしょう。**B to C**[*2]で取引している企業だとしたら、**不買運動**[*3]にまで発展してしまうかもしれません。

❸社員の逮捕、書類送検の影響

　もし廃棄物処理法違反の容疑で自分の会社から逮捕者が出たり、書類送検されたらどう思うでしょうか? **おそらく従業員のモチベーションはかなり低下し、それに伴って業績も落ちてしまうかもしれません。**そうならないために、会社の組織として、また社内の仕組みとして、リスクを最小化すべく取り組みを行う必要があります。そして廃棄物担当者は、その重圧とともに廃棄物管理を行うという責任があるのです。

●排出事業者にかかる代表的な罰則

	排出事業者に対する罰則	
	不法投棄	5年以下の懲役もしくは1000万円以下の罰金（個人）又はこれを併科（なお、法人の場合は3億円以下の罰金）
	無許可業者への処理の委託	5年以下の懲役もしくは1000万円以下の罰金又はこれを併科
	契約の未締結、未記載、虚偽記載など	3年以下の懲役もしくは300万円以下の罰金又はこれを併科
	マニフェストの未交付、未記載、虚偽記載など	1年以下の懲役もしくは100万円以下の罰金又はこれを併科

●新聞報道による企業の　イメージダウン

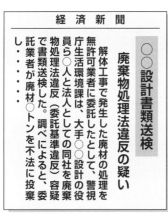

経済新聞

○○設計書類送検

廃棄物処理法違反の疑い

解体工事で発生した廃材の処理を無許可業者に委託したとして、警視庁生活環境課は、大手○○設計の役員ら○人と法人としての同社を廃棄物処理法違反（委託基準違反）容疑で書類送検した。調べによると、委託業者が廃材○トンを不法に投棄し‥‥‥‥。

●廃棄物担当者の重圧

1. 難解な法律（法改正、通知など）
2. 個人に対する罰則の適用
3. 会社リスクの重圧
4. 各自治体の条例規制

廃棄物管理業務を行う人

＊1　**書類送検**：警察が捜査した事件について刑事訴訟法に基づき、その証拠、捜査資料を検察官に送致すること。

＊2　**B to C**：企業が個人向けに商品を販売する形態などのこと。

＊3　**不買運動**：消費者が結束して商品の購入を行わない、サービスを利用しないこと。

4 あとを絶たない法令違反

　さて、ここでは実際にリスクが顕在化してニュースや新聞記事になった事例を見ていきます。この事例は決して「対岸の火事ではない」ことを理解しておいてください。前述したように、ちょっとしたミスが法令違反につながり、それが報道される可能性は皆さんの会社にもあるのです。

❶不法投棄事件で大手企業など4社が社名公表

　おおよそ20年前に話題になった不法投棄事件について見ていきましょう（右図（上））。新聞記事にもなったこの「不法投棄事件」に関係する排出事業者はおよそ12,000社にものぼり、投棄された廃棄物の約7割が首都圏近郊から排出されたといわれています。

　ではなぜこの大手企業などの4社が新聞記事に載ってしまったのでしょうか。それは「大企業だから」という理由もあるでしょうが、この4社が**収集運搬を委託した収集運搬業者が無許可業者だった**からということと、この4社の処理委託先の**中間処理業者への監査もどうやら行われなかった**ことが関係し、排出事業者責任を完全には果たせていないと判断されたため、といわれています。

❷大手建設会社などが相次いで廃棄物処理法違反

　右ページ中央の新聞記事で取り上げられたのは大手製造会社ですが、最近はこのほかにも大手企業による無許可業者への処理委託が世間をよく賑わせています。取り上げられるほとんどは大手企業ですが、やはり大きな企業はその分リスクが大きいということでしょう。

　それはさておき、まず覚えておいて欲しいのは、**「無許可業者への処理委託はニュースになる可能性が大きい」**ということです。

　「うちはちゃんとやっているから無許可業者への委託なんてまずない」と思っていても、実は簡単に無許可業者への委託となり得ます。例えば、はじめは許可を得ている収集運搬業者に委託したとしても、もしその収集運搬業者の許可の有効期限が過ぎた場合、その時点で無許可業者になり、無許可業者への処理委託が成立します。また、その収集運搬業者が、委託する廃棄物の種類の許可を得ていない場合も無許可業者への処理委託となってしまいます。

●無許可業者への委託などの新聞記事

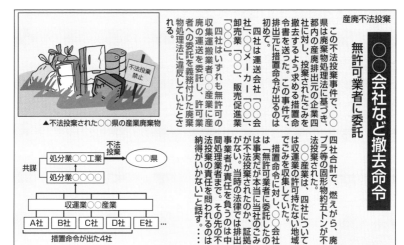

産廃不法投棄

○○会社など撤去命令

無許可業者に委託

この不法投棄事件で、○○県は廃棄物処理法に基づき、都内の産廃排出元の企業四社に対し、投棄されたごみを撤去するよう求める措置命令書を送付した。この事件で排出元に措置命令が出るのは初めて。

四社は運送会社「○○会社」、○○メーカー「○○」、卸売業「○○」、販売促進業「○○」。四社はいずれも無許可の廃棄物の運送を委託し、許可業者への委託を義務付けた廃棄物処理法に違反していたとされる。

▲不法投棄された○○県の産業廃棄物

四社合計で、燃えがら、廃プラ等の固形物約五トンが不法投棄された。

○○産業は、四社について「ごみの許可持たない地域でごみを収集していた。

措置命令に対し、○○会社は「無許可業者に委託したのは事実だが本当に当社側が不法投棄されたのか、証拠がない。当時の法律では排出事業者が責任を負うのは中間処理業者まで。その先の不法投棄の責任を問われるのは納得がいかない」と話す。

○○本社を家宅捜索

廃棄物処理法違反の疑い

大手××製造会社「○○工業」の工場が産業廃棄物の処理を無許可の中間処理業者に委託した疑いが強まり、県警はこの工場を廃棄物処理法違反（委託基準違反）容疑で家宅捜索した。捜査関係者によると工場から出たばいじんを含む汚泥の処理を中間処理業者の「△△環境」に委託していたが、△△はこの汚泥処理の許可を得ていたが、ばいじんは無許可だった。……

●逮捕者が出た会社の状況

実際に逮捕者が出てしまった会社では以下のような状況になるようです。

- ●警察が会社に乗り込んできて、社員が右往左往し、まったく仕事にならなかった
- ●社員が動揺し、業務に支障をきたした
- ●事情聴取のため、後日社長が警察に呼ばれた

5 廃棄物処理法違反での検挙状況

新聞記事とはならなくても、実際に廃棄物担当者が捜査もしくは**検挙**[*1]される事例は実はとても多いのです。ここでは、公表されているデータからいかに廃棄物処理法違反が多いのかを見ていきます。

❶生活経済事犯の検挙の中では廃棄物事犯がトップ!

あまり知られていないことですが、警察庁が集計する生活経済事犯の中では、**廃棄物にかかる検挙件数、検挙人数はともにトップ**なのです（右表参照）。

事犯中の「保健衛生事犯」には、最近よく耳にする危険ドラッグの検挙数も入っていますが、「廃棄物事犯」はその事犯の約13倍、さらに「ヤミ金事犯」の約10倍もの検挙件数です。

警察では、引き続き環境行政部局との人的な交流や情報交換を行うなどして、環境事犯の早期発見・早期検挙に努めていく、と報告しています。

❷廃棄物事犯は検挙しやすい?

廃棄物事犯の検挙数はここ数年横ばいが続き、環境省発表の不法投棄件数、量ともに減少傾向にあります。これは廃棄物処理法の規制強化が功を奏したものといえますが、右表のとおり廃棄物事犯の検挙数を見る限り、まだまだ違反を行う者は数多く存在していることがわかります。この検挙数の多さは、ちょっとしたヒューマンエラーでも検挙につながる可能性を示唆しているようにも読みとれます。

したがって、法を遵守した適正な廃棄物管理が事業者に求められるのです。

❸起訴率約55%

検挙状況とは少し違う目線で**起訴**[*2]の状況を見ると、廃棄物関係での起訴率は何と約55%です。この起訴率の高さから見てとれるのは、検察は廃棄物に関する事犯へ厳しく対応する、ということなのでしょうか。

●生活経済事犯の検挙状況

生活経済事犯の検挙状況（令和元年及び令和 2 年）

事犯	令和 1		令和 2	
	検挙事件数	検挙人員	検挙事件数	検挙人員
利殖勧誘事犯	41 事件	176 人	38 事件	130 人
特定商取引等事犯	132 事件	230 人	132 事件	204 人
ヤミ金融事犯	639 事件	724 人	592 事件	701 人
環境事犯	6,189 事件	7,106 人	6,649 事件	7,771 人
うち廃棄物事犯	5,375 事件	6,165 人	5,759 事件	6,683 人
保健衛生事犯	281 事件	400 人	280 事件	348 人
知的財産権侵害事犯	516 事件	605 人	441 事件	523 人
その他の事犯	1,196 事件	1,495 人	1,165 事件	1,466 人
合計	8,994 事件	10,736 人	9,297 事件	11,143 人

注：同一の被疑者で関連の余罪がある場合でも、1 つの事件として計上している。
出典：警察庁生活安全局生活経済対策管理官『令和 2 年における生活経済事犯の検挙状況等について』
https://www.npa.go.jp/publications/statistics/safetylife/seikeikan/R02_
seikatsukeizaijihan.pdf

●起訴率

罪名別環境関係法令違反事件通常受理・処理人員（2020 年）

罪名	受理	処理			起訴率
		起訴	不起訴	計	(%)
廃棄物の処理及び清掃に関する法律	7,606	3,870	3,352	7,222	53.6
鳥獣の保護及び狩猟の適正化に関する法律	272	109	178	287	38.0
海洋汚染等及び海上災害の防止に関する法律	448	102	332	434	23.5
動物の愛護及び管理に関する法律	152	40	100	140	28.6
軽犯罪法（1 条 14 号、27 号）	400	81	296	377	21.5
水質汚濁防止法	16	4	10	14	28.6
その他	507	92	390	482	19.1
合計	9,401	4,298	4,658	8,956	48.0

注：起訴率は、起訴人員／（起訴人員＋不起訴人員）× 100 による。資料：法務省
出典：環境省『令和 3 年版 環境・循環型社会・生物多様性白書』第 2 部 第 6 章 http://www.env.
go.jp/policy/hakusyo/r03/pdf/2_6.pdf

＊1　**検挙**：捜査機関が取り調べた結果、被疑者とすること又は警察等が書類送検等したこと。

＊2　**起訴**：検察官が特定の刑事事件について、必要な捜査をした後に裁判所の審判を求める公訴を提起する処分のこと。

6 刑事罰と行政処分はどう違うのか?

違法行為に対する罰則と行政処分について見ていきます。違法行為をした場合、警察がきっかけとなり「検挙→刑事裁判→刑事罰」という段階を踏んで懲役や罰金などに処せられます。一方、自治体による行政処分では、改善命令や措置命令などが下されます。これらの違いについて見ていきましょう。

❶刑事罰を科す刑事処分と自治体が行う行政処分

刑事処分は、捜査等によって発覚した廃棄物処理法違反事件について、刑事裁判を経て刑事罰が科される処分のことをいいます。一方、自治体では、ある会社の違反行為が発覚したとき、その会社に対して報告徴収、立入検査を行い、その行為の悪質性を考慮したうえで行政指導又は行政処分を行います。行政処分には、**改善命令**[*1]、**措置命令**[*2]、**事業の停止処分**[*3]、許可の取消処分などがあります。

刑事罰などでは一定の期間で時効を迎える例がありますが、行政処分については時効はありません。

❷基本的には「行政指導 → 行政処分」

前述のとおり、法律における行政上の手続としては、自治体はまず調査から入り、行政指導等を経て行政処分という順番になります。しかし、その事案の悪質性が高い場合、調査の後にいきなり行政処分に踏み切る例もあります。

[*1] **改善命令**：排出事業者、処理業者が、処理基準に適合しない廃棄物の処理を行った場合、都道府県知事等は、廃棄物の適正処理を確保するため処理方法の変更、その他必要な措置を講じるよう命ずることができる。改善命令は期限が定められており、期限内に措置を講じない場合には、罰則が適用される。（法第19条の3）

[*2] **措置命令**：不法投棄など、生活環境の保全上支障が生じ、または生じるおそれがある場合に、都道府県知事等はその支障の除去、発生の防止のために必要な措置を講じることを命じることができる。不法投棄された廃棄物の撤去などがそれにあたる。（法第19条の5）

[*3] **事業の停止処分**：処理業者が処理基準に適合しない廃棄物の処理やマニフェスト管理などを行った場合、都道府県知事等は、その処理業者に対して事業の停止処分を命じることができる。営業停止処分30日間や60日間、90日間などがある。（法第14条の3）

●行政処分と刑事告訴

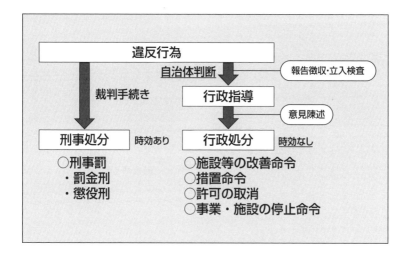

●自治体による一般的な対応手順

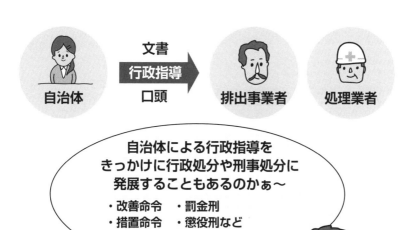

7 そもそも処理業者は信用できるのか?

廃棄物の処理にあたっては、処理業者に委託せざるを得ないというのが現実的なところでしょう。しかし、信じられないことに処理業者が不法投棄や不適正処理をすることが事実としてあります。廃棄物管理を行う上でこの事実にもしっかり目を向けておいてください。

❶いい加減な処理業者はまだまだ多い

廃棄物は処理業者に処理を委託せざるを得ません（**自ら処理**[*1]を行っている会社もあることはあるでしょうが…）。しかし、はたして処理業者は皆さんの会社の取引先と同じように信用できるでしょうか?

答えは**NO**です（もちろん適正に処理している業者もたくさんいます）。

平成23年4月の法改正で、**優良産廃処理業者認定制度**[*2]が創設され、優良な処理業者への処理委託が促進されつつあります。しかし、**不適正な処理をする処理業者はまだまだたくさんいます**。最悪の場合、処理費をもらってそのまま不法投棄をしたり、どこかに**野積み**[*3]して夜逃げしてしまうような悪質な処理業者も存在します。

でもどうして処理業者にはいい加減な会社が多いのでしょうか。そのひとつの要因には、ゴミ業界には昔から暴力団などの関係者が多かったからだといわれています。また後述するように、モノとお金の流れが一方通行であったり、処理をしなければしないほど単純に利益増となるという廃棄物処理の構造にも理由があります。

❷許可業者でも安心はできない

右図に示すように、許可業者であっても**不法投棄**[*4]などの**不適正処理**[*5]を行うことは少なくありません。つまり、もし悪い処理業者にあたってしまったら、委託したほとんどの廃棄物を不適正処理されることもあり得るのです。

さらに、適正に処理をしている業者でも、いつ何時不適正処理を始めるかわかりません。例えば、財務状況が赤字になった場合、もしくは何らかの外的要因で事業継続が困難になった場合など、もしそのような状態に陥れば、不適正な処理を行い、利益追求に走る可能性もあるのです。

したがって、**処理業者と接する際にはまず「この処理業者は大丈夫か?」と疑ってかかること**が必要です。

●不適正処理件数における処理業者の割合

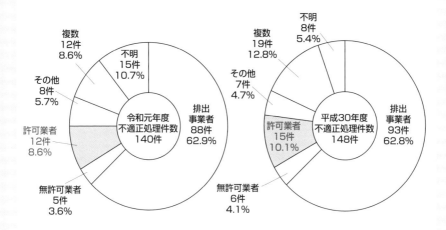

出典：環境省『産業廃棄物の不法投棄等の状況（令和元年度）について』http://www.env.go.jp/press/files/jp/115533.pdf

令和元年度の許可業者の不適正処理件数が 12 件も ?!
でもこの統計以外にも多くの処理業者が不適正処理を
しているんだろうなぁ～

---

*1　**自ら処理**：排出事業者が、自身が排出した産業廃棄物の処理を自ら行うこと。（法第 12 条第 1 項）

*2　**優良産廃処理業者認定制度**：通常の許可基準よりも厳しい基準をクリアした優良な産業廃棄物処理業者を、都道府県等が審査して認定する制度。本制度の認定を取得するための基準は、以下のとおり。
　　1）実績と遵法性‥5 年以上の処理実績と行政処分なし
　　2）事業の透明性‥インターネット等での情報公開
　　3）環境配慮の取組み‥ISO14001、エコアクション 21 等の認証取得
　　4）電子マニフェスト‥電子マニフェストに加入し、利用できること
　　5）財務体質の健全性‥直近 3 年度のうちいずれかの年度で自己資本比率が 10％以上など
　　（法施行令第 6 条の 11 第 2 項）

*3　**野積み**：処理業者などが廃棄物の保管と称して、建屋のない場所などに長期間にわたり放置している状態。この野積みが 180 日以上にわたると不法投棄と見なされる。（タイヤの野積み裁判の判例より）

*4　**不法投棄**：廃棄物処理法では、「何人も、みだりに廃棄物を捨ててはならない」として、廃棄物の投棄を禁止している。（法第 16 条）　令和元年度に発覚した不法投棄件数は 151 件、不法投棄量は 7.6 万トン。

*5　**不適正処理**：廃棄物処理法では処理基準が定められており、処理基準に適合しない処理を不適正処理という。不適正処理には、大量の廃棄物を長期間溜め込む「不適正保管」や、構造基準を満たした焼却炉を用いずに廃棄物を焼却したりする場合も不適正処理に当たる。

❸ ゴミ業界は「お金」も「モノ」も一方通行

　廃棄物の処理では、排出事業者から処理業者に「モノ」も「お金」も一方通行で流れます。このような取引の流れをもつのは廃棄物業界だけではないでしょうか。

　例えばビールの売買であれば、ビール会社は、消費者に商品であるビールを売り渡す代わりに、そのビールの対価を消費者に支払ってもらう、というのが一般的です。しかし、こと廃棄物となるとそうではなく、排出事業者の皆さんは、その処理費の根拠がよくわからないまま処理業者に処理費用を支払い、さらに廃棄物も渡している、というのが現実ではないでしょうか。

　さて、この一方通行の流れは何を引き起こすのでしょうか。

　この**一方通行のために処理業者は"いい加減"に処理してしまいがち**になります。悪い処理業者は、「どうせ排出事業者は見ていないのだから、いい加減に処理してもわからないだろう」とついつい思うかもしれません。これは商取引の構造上の問題なので、このように思ってしまう人もいることでしょう（もちろん適正に処理している処理業者はそうは思いませんが…）。

❹ 加工費にあたる処理費を減らせば利益増

　極論すると、製造業は「加工費」にあたる製造コストを減らせば、その分、利益が上がります。一方、**処理業者も製造業の加工費にあたるところの「処理コスト」を減らせば利益は簡単に上がります。**

　では、どのように処理コストを減らすのでしょうか。

　その方法はいろいろあります。本来行わなければいけない処理をはぶいたり、野積みをして何も手を加えないという方法もあります。このように、処理コストを抑えようと思えば、いとも簡単にできてしまうものなのです。

❺ 横流しや海外転売が一番儲かる

　一番儲かるのは、大手外食カレーチェーンの事件でもあった「転売」や「**横流し**」[*1]ではないでしょうか。なぜなら、排出事業者から処理費をもらい、なおかつ転売、横流しによって収入を得ることができるからです。　→コラム❶参照

　その横流しを防止できるのは、マニフェストE票による確認ではなく、処理業者への実地確認による監査が一番効果的ではないかと思われます。

●ゴミ業界は「お金」も「モノ」も一方通行

●ゴミ業界は加工にあたる処理コストを減らせば利益増

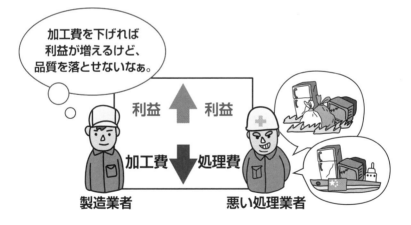

---

*1 **横流し**：処理業者により期限切れなどの廃食品等をスーパーなどの市場へ再流通させたり、リコールなどの廃製品をネットオークションなどの中古市場に転売すること。会社ぐるみ、もしくは管理不行届きによる社員の持ち出しなどのパターンがある。

7 そもそも処理業者は信用できるのか?

❻ ゴミ業界は先に売上を立てることも可能

　ここまで読むともう想像がつくと思いますが、ゴミ業界では未処理であるにもかかわらず、収入を得ることが可能になります。製造業は商品を売ってはじめて売り上げが立ちますが、ゴミ業界つまり廃棄物処理業界では違います。

　廃棄物処理では、通常、処理業者は処理終了後に**マニフェストD票**[*1]、**E票**[*2]を排出事業者に送付し、それを受け取った排出事業者はそこではじめて処理費を処理業者に支払います。しかし処理業者の中には、何も処理をしないまま処理を終了にしたことにしてマニフェストD票、E票を排出事業者に返送してしまう処理業者もいます。これから紹介するように、実際にそのような処理業者はたくさんいます。

　この未処理の中には、悪質性がなく、ついうっかり先走って返送しまうこともよくあるのですが、**悪質な業者は何も処理せずにそのまま野積みや不法投棄をしたり、市場に横流ししたりすることがあります。**

❼ 処理未終了でマニフェスト返送が行政処分に

　前述のように処理未終了でマニフェストを返送した場合、処理業者にはどんな結末が待ち受けているのでしょうか。右図（下）の事例では、その処理業者に対して行政処分が下され、30日間の営業停止となりました。こういった行政処分はあとを絶ちません。**最近では優良産廃処理業者である処理業者も行政処分を受けています。**マニフェストを早く返送してしまう理由はいろいろあると思いますが、上記の理由のほかにも「処理費を早くもらいたい」ということもあるでしょう。

❽ 行政処分が排出事業者に与える影響

　さて、行政処分で被害を受けるのは処理業者だけではありません。廃棄物を定期的に排出するような生産工場をもつ排出事業者がいたとします。**もし行政処分によって処理業者の営業がストップすれば、この排出事業者は廃棄物の処理を委託できなくなってしまいます。**このことは排出事業者にとっても決して他人事ではないのです。

[*1]　**マニフェストD票**：マニフェストのうち、中間処理を終了した旨を記載するための帳票。

[*2]　**マニフェストE票**：マニフェストのうち、最終処分を終了した旨を記載するための帳票。

●悪い処理業者の例

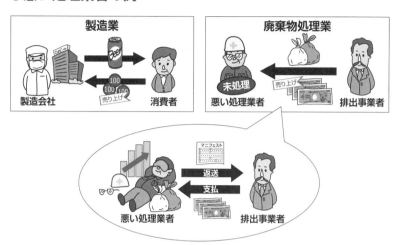

●処理未終了でマニフェストを返送して行政処分を受けた事例

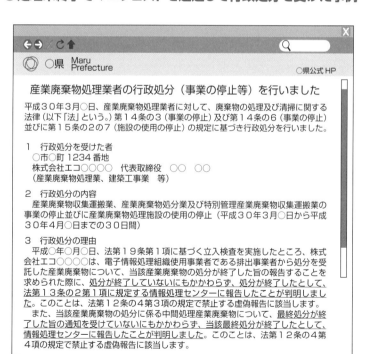

産業廃棄物処理業者の行政処分（事業の停止等）を行いました

平成30年3月○日、産業廃棄物処理業者に対して、廃棄物の処理及び清掃に関する法律（以下「法」という。）第14条の3（事業の停止）及び第14条の6（事業の停止）並びに第15条の2の7（施設の使用の停止）の規定に基づき行政処分を行いました。

1　行政処分を受けた者
　○市○町1234番地
　株式会社エコ○○○○　代表取締役　○○　○○
　（産業廃棄物処理業、建築工事業　等）

2　行政処分の内容
　産業廃棄物収集運搬業、産業廃棄物処分業及び特別管理産業廃棄物収集運搬業の事業の停止並びに産業廃棄物処理施設の使用の停止（平成30年3月○日から平成30年4月○日までの30日間）

3　行政処分の理由
　平成○年○月○日、法第19条第1項に基づく立入検査を実施したところ、株式会社エコ○○○○は、電子情報処理組織使用事業者である排出事業者から処分を受託した産業廃棄物について、当該産業廃棄物の処分が終了した旨の報告することを求められた際に、処分が終了していないにもかかわらず、処分が終了したとして、法第13条の2第1項に規定する情報処理センターに報告したことが判明しました。このことは、法第12条の4第3項の規定で禁止する虚偽報告に該当します。
　また、当該産業廃棄物の処分に係る中間処理産業廃棄物について、最終処分が終了した旨の通知を受けていないにもかかわらず、当該最終処分が終了したとして、情報処理センターに報告したことが判明しました。このことは、法第12条の4第4項の規定で禁止する虚偽報告に該当します。

❶ 大手外食カレーチェーンの廃棄カツの横流し

　2016年1月、大手外食カレーチェーンが廃棄したビーフカツなどを、中間処理業者がスーパーに横流しした事件がありました。スーパーでその廃棄カツの多くが販売され、消費者の口に入ったということで大きな話題となりました。

　そのときのメディアの取り上げ方をみると、横流しした処理業者の責任を追及した報道が多く、その大手外食カレーチェーンは被害者だという報道も一部にはありました。なぜならその大手外食カレーチェーンは、排出事業者として処理業者からのマニフェストE票などで最終処分が終了したことを確認しているからという理由のようです。

　その言い分はよくわかりますし、実際のところ本音なのでしょう。悪意をもってマニフェストを偽造されてしまうと、それはなかなか見抜けません。

　しかし廃棄物処理法的にみると、排出事業者である大手外食カレーチェーンの会社にその責任がある、と判断されてしまいます（もちろん処理業者も行政処分の対象になります）。

　では、排出事業者として、どのようにすればこれを防ぐことができるのでしょうか。それには次のようなポイントが挙げられますが、まず前提として、処理委託する前に処理業者の本質を"見抜く"監査を実施することが大切です。　➡コラム㉒参照

①破壊：製品として流通しないように破壊などしてから処理業者へ委託
②運搬：①に近いが、可能であればパッカー車（ゴミ収集車）で運搬
③立会：処理する現場に毎回立ち会う
④写真：再資源化報告書など、物理的に破壊したという写真の添付などを要求
⑤監査：監査を強化（プロの目線で監査したり、場合により抜き打ち監査も行う）
⑥売却：処理後のモノが確実に売れているのかのエビデンスの確認
⑦調査：その処理業者の帝国データバンクなどにおける信用調査の実施
⑧金額：相見積をとってみて異常に安い処理業者は怪しい（?）
⑨HP：自社のホームページがない処理業者は怪しい（?）

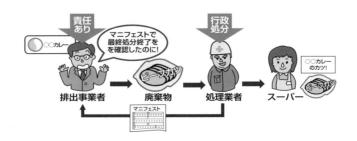

❷化学メーカーの事例

2012年5月、利根川水系の浄水場で有害物質ホルムアルデヒドが検出され、千葉県、群馬県、埼玉県で断水による取水障害が発生しました。これは、埼玉県本庄市の化学メーカーが廃液を群馬県高崎市の中間処理業者に処理委託したのですが、適正に処理されずに有害物質が利根川水系に放流され、川が汚染されたことによるものです。

この事案についても、前述の事例と同様に中間処理業者の責任が問われると思うかもしれませんが、埼玉県などからはもともとの排出事業者である化学メーカーの方に億単位の損害賠償請求が行われました。

この排出事業者はその中間処理業者に実地確認を行っており、排出事業者責任を果たしていると言い得ることもできるでしょう。しかもこの水質事故の原因となった物質は、当時の法規制の対象物質ではなかったため、関係者に対して、水質汚濁防止法や廃棄物処理法などに基づく法的責任は問えないと結論づけられました。しかし実際は、民法に基づく不法行為として化学メーカーに損害賠償請求が行われました。

前述の大手外食カレーチェーンやこの化学メーカーの事例に見るように、何か問題が生じれば、排出事業者の責任が追及されるということはよく覚えておきましょう。

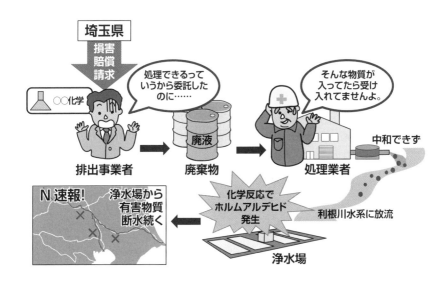

学くんの成長日記 —— 第1章のまとめ

この章では、次のことを学びました。

● 廃棄物の最終処分が終了するまで排出事業者に責任があること
● 委託した処理業者は 100%は信用を置けないケースもあり得ること

● ちょっとしたヒューマンエラーで無許可業者への処理委託になってしまうこと
● 無許可業者への処理委託の場合、簡単にニュースになってしまうこと

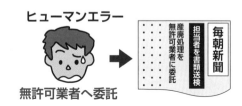

● したがって、廃棄物の処理にかかるリスクが思った以上に大きいこと
● 廃棄物に関する業務のほとんどが法律で決められていること

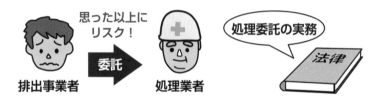

みどりさんの ワンポイント アドバイス!

 廃棄物を取り扱うリスクと排出事業者責任については理解できたかな?

 些細なことでも法令違反になるんですね。許可の期限が切れている業者に委託するだけで無許可業者への処理委託になるなんて…。

 だから排出事業者は処理業者の許可の有効期限などもしっかり管理する必要があるのよ。その前にしっかりした管理ができる処理業者を見極めるのも重要ね。

 そもそも何がきっかけで違反が発覚するんですか?

 やっぱり不法投棄が多いわね。いまでは不法投棄もいろいろあって、処理業者が処理した後の再生物に異物があっただけでも不法投棄扱いされてしまうことも実際にあるのよ。そのもともとの排出事業者はマニフェストによって簡単に特定できるしね。

 なるほど。でも不法投棄した処理業者がその投棄した物を回収して環境改善すればいい話じゃないんですか?

 いやいや、そうでもないのよ。だいたいそういうケースでは、処理業者は夜逃げ同然か、倒産してしまって何もしないことが多いのよね。だからこの法律では最終処分終了まで排出事業者に責任があるとしているのよ。

 でも多くの排出事業者がかかわっているだろうから、不法投棄事件が新聞記事になったとしても、特定の会社名が載る可能性は低いんじゃないですか?

 そうね。でも、マニフェストの未交付があっただけでも新聞に載ってしまう時代なのよ。もし新聞にでも載ったら、それまでの企業努力が一瞬で消え去ってしまうかもね。それに先日のビーフカツの横流しのようなケースもあるし、廃棄物に関する違反は不法投棄だけとも限らないわよね。

 はあ…。新聞記事にでもなったら、会社の信用を取り戻すのはたいへんそうですね。

 だからこそ適切な廃棄物管理、ポイントを押さえた管理が重要なのよ。次からはそうならないための廃棄物管理のポイントを学んでいくわよ。

 はい! よろしくお願いします。

第2章

廃棄物管理業務の5つのポイント

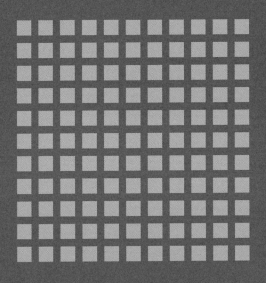

第2章　廃棄物管理業務の5つのポイント

こ の章では、前章のリスク以外の部分で廃棄物管理業務でさらに認識しておいて欲しい5つのポイントを見ていきましょう。

1. 知らないではすまされない

ここまで見てきたように、廃棄物管理の業務は廃棄物処理法に基づいていますので、知らないではすまされません。リスクと隣り合わせというところを念頭におきながら、廃棄物管理のポイントを理解することが求められます。

2. 処理委託せざるを得ない

どこの会社からでもゴミは出ます。廃棄物処理法では"自ら処理"することも認められていますが、実際にはほとんどは処理業者に処理を委託せざるを得ないのが現実です。処理業者は許可があっても100％は信用が置けないことを前提に慎重な選定することが必要です。

3. "四位一体"での管理

法令違反をなくすべくリスクを最小化するためには、"四位一体"（廃棄物、許可証、委託契約書、マニフェスト）での管理が必要になります。この4つすべてがリンクしていないと、法令違反につながる可能性があります。

4. 国と自治体の役割

国（環境省）は法律を策定し、その法律を補うなどの目的で通知が発行されます。一方、自治体では排出事業者や処理業者に行政指導や行政処分等を行う役割があります。さらに自治体では条例や要綱などがあり、法律以上のことが規定されたりします。

5. 社内内部監査の活用と処理業者の監査

リスクの潜在化もしくは顕在化を防ぐには、例えばISO14001などの社内内部監査機能を有効に活用するとよいでしょう。さらに、処理業者におけるリスクを回避するためには「監査」が一番の有効手段だといえます。

● "四位一体" での管理

知らないではすまされない！

廃棄物

許可証
○県知事
丸 太郎 印

E票マニフェスト
D票マニフェスト
B2票マニフェスト
A票マニフェスト

契約書

廃棄物管理業務担当者
"四位一体" での管理が必要

管理方法のチェック

社内内部監査の活用

●法律と自治体条例の両方に対応

法律の制定

国、環境省

通知の発行

対応 ← 廃棄物担当者 → 対応

各自治体の独自制度
・事前協議
・産廃税　など

そうか！ リスク最小化のために
は"四位一体"での管理が必要
なんだな。自治体の役割や条例
なども理解しなければいけな
いんだね。

1 知らないではすまされない

❶ リスクを最小化することを考える

どんな法律でもそうですが、法律違反をしたときに「知らないではすまされない」という事実がやはりあります。例えば車を運転していて、車線変更禁止を示す黄色の線上で車線変更してしまい罰金となった場合でも、警察に「知りませんでした」では通用しません。それと同じです。

皆さんの事業に直結する法律、例えば建設会社であれば建設業法は当然理解しているでしょう。しかし、どんな会社からでもゴミが出るにもかかわらず、廃棄物処理法なんてなかなか知る由もないのではないでしょうか。なぜならゴミは利益を生まないし、処理業者に任せてゴミがなくなればそれで終わりだと思いがちだからです。

しかしそこでもやはり「知らないではすまされない」ことはどうしても出てきます。

ではどうすればよいのでしょう？ まず第一に考えるべきことは**「どのようにリスクを効率的に最小化するか」**だと思います。

❷ リスクを最小化するための実務のポイント

その具体的な方法については、第4章で詳しく解説したいと思いますので、ここではポイントだけ押さえておいてください。つまり主なポイントは次のとおりです（右図）。

必須事項
- 処理業者への処理委託
- 委託契約の締結
- マニフェストの交付、照合確認、保存
- 廃棄物の保管

努力義務（リスク最小化のためには必要）
- 処理業者への実地確認（監査）

●知らないではすまされない

●排出事業者が押さえておくべきポイント

必要事項

処理業者への処理委託	・委託する廃棄物に関する許可を有していること ・適正処理ができること ・委託する廃棄物の量を処理できる処理能力があること
委託契約の締結	・処理業者と書面で契約すること ・記載内容に不備がないこと ・許可証を添付すること
マニフェストの交付、照合確認	・廃棄物の搬出の都度マニフェスト交付 ・マニフェスト返送時の照合確認 ・マニフェストの保存
廃棄物の保管	・保管場所を示す掲示板の設置 ・飛散防止措置 ・保管の高さ制限

努力義務

処理業者への実地確認（監査）	・処理業者によるリスクを最小化するための監査 ・ポイントを押さえた定期的な監査 ・監査報告書として記録し保管

2 処理委託せざるを得ない

❶処理業者を見極めて委託する

　廃棄物処理法では、まず廃棄物の「自ら処理」についての条文があり、自ら処理できない場合には「許可をもった処理業者に処理委託しなければならない」とされています。しかし一般的には廃棄物はなかなか自分では処理（自ら処理）できないため、処理業者に委託せざるを得ません。

　しかし、前章で説明したように処理業者は完全には信用できないのが現実です。したがって、そのような認識、つまり場合によっては**性悪説*1を前提に考えて処理業者を選ぶ**ことをおすすめします。

　一口に処理業者といっても、下表のような種類の処理業があり、見極めるポイントもそれぞれ異なります。見極めるポイントをそれぞれ押さえ、監査等を行ったうえで処理業者を選定しましょう。

処理業者の種類

産業廃棄物*2	収集運搬	産業廃棄物収集運搬業者
		特別管理産業廃棄物収集運搬業者
	処分	産業廃棄物処分業者
		特別管理産業廃棄物処分業者
一般廃棄物*3	収集運搬	一般廃棄物収集運搬業者
		特別管理一般廃棄物収集運搬業者
	処分	一般廃棄物処分業者
		特別管理一般廃棄物処分業者
専ら物*4	収運・処分	再生利用事業者

❷どんな処理業者が信用できるか

　廃棄物を「処理委託せざるを得ない」、しかし「処理業者は完全に信用することができない」ということを踏まえると、処理業者の選定にあたっては、前ページのように許可さえもっていればよいというだけでは十分ではありません。

　たとえば右図のように「どんな廃棄物でも処理できる」「処理費が異常に安い」「マニフェストの簡略化や代筆を提案する」などを宣言する処理業者は怪しいと思ったほうがよいでしょう。逆に、コンプライアンス体制の整備、処理フローの見える化、情報提供などに熱心に取り組んでいる処理業者は信用できる業者といえます。

●処理業者を見極める

●NGな処理業者

処理費の安さは日本一!

煩雑なマニフェストはまとめて一枚にします!

なんでももっていくよ!

NG な処理業者

●望ましい処理業者

コンプライアンス体制を整えています。

法改正情報などの有益な情報を提供しています。

処理フローを見える化しています。

望ましい処理業者

＊1　**性悪説**：人間は生まれたときは悪人で、生きていく中で善を学び、善行を積んでいくという説。

＊2　**産業廃棄物**：事業活動に伴って生じた廃棄物のうち、廃棄物処理法で規定された20種類。（53ページ参照）

＊3　**一般廃棄物**：廃棄物処理法で規定された産業廃棄物以外のもの。家庭ゴミのほかに、産業廃棄物として特定の業種以外の事業場から排出される紙くずや段ボール、飲食店からの残飯、小売店からの野菜くずなど。
　➡コラム**5**参照

＊4　**専ら物**：専ら再生利用される廃棄物のうち、古紙、くず鉄、空き瓶類、古繊維の4品目。この4品目を再生目的で扱う業者（通称：「専ら業者」）は、処理業の許可を必要とせず、品目によっては委託契約やマニフェストの交付も法的に必要とされない。　➡コラム**9**参照

3 "四位一体"での管理

❶ 法令違反を防ぐ "四位一体" での管理

ここまで見てきたような法令違反を防ぐためには何が必要なのでしょうか。ここで "四位一体" での管理、確認がとても重要になってきます。

廃棄物管理において、次の4つがすべてリンクしていることが重要なポイントになります。

①廃棄物[*1] **②マニフェスト**[*2] **③委託契約書**[*3] **④許可証**[*4]

例えば、①廃棄物として廃油が排出されれば、②廃油と記入されたマニフェストが交付され、③委託契約書にも廃油と記載され、さらに④処理業者の許可証にも廃油と表示されているはずです。

もしこのケースで委託契約書に廃油が記載されていなかったらどうなるでしょうか。その場合には委託契約書の不備になると同時に、もしかしたらその処理業者は廃油の許可をもっていないかもしれません。もし許可をもっていない処理業者であれば、無許可業者への委託となってしまいます。

❷ 廃棄物の種類は "変化" する

さらに、廃棄物の種類はよく "変化" します。実際によくある事例で、例えばこれまでの廃油の排出に加えて、スポットで廃アルカリなどが排出されるということがあります。そのときに許可証や委託契約書を確認していればよいのですが、もし廃アルカリについては委託契約書には未記載、その業者も許可なしであればどうなるか…。それはいうまでもないでしょう。

排出事業者は、処理業者だからゴミは何でも収集運搬、処分してくれるとついつい思ってしまいます。実はこの思い込みがリスクを招くことになります。

したがって、**廃棄物の種類の "変化" があるかどうかも含めて、この "四位一体" が望ましい廃棄物管理の姿**といえるのです。

---

*1 **廃棄物**：廃棄物とは、所有者又は占有者が、自ら利用し、又は他人に有償で売却することができないために不要となったもの。ただし、放射性物質濃度の高いものや、ガスやフロンなどの気体状のものは、廃棄物には該当しない。

*2 **マニフェスト**：排出事業者が、収集・運搬業者又は処分業者に委託する際に交付する産業廃棄物管理票のこと。委託した産業廃棄物の処理の流れを自ら把握し、不法投棄の防止等、適正処理を確保することを目的とし、電子マニフェストと紙マニフェストがある。

*3 **委託契約書**：排出事業者と処理業者間で締結する処理委託契約であり、産業廃棄物の種類、処理方法等を記載した契約書。

*4 **許可証**：収集運搬又は処分を業として行う者は、行う区域を管轄する都道府県知事又は政令市長の許可を取得する必要があり、その許可を受けた際に発行される許可証のこと。（施設設置の許可については、84ページ参照）

●リスク最小化のための"四位一体"での管理

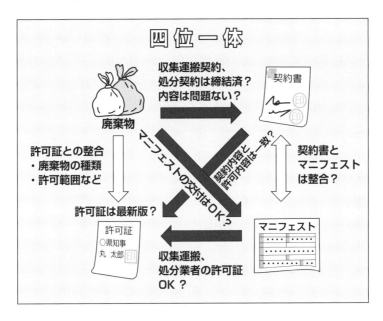

●廃棄物の種類の"変化"に注意

4 国と自治体の役割

❶排出事業者は自治体の判断に対応

　まず国（環境省）と自治体の役割について整理していきましょう。国は法律を制定し、法律であいまいな部分などを通知で補います。一方、自治体は、その法律、通知等を受けて、排出事業者や処理業者に対して行政指導や行政処分などを行います。

　また、廃棄物処理法はいわゆるグレーな部分が多いともいわれています。各自治体の担当者はその法令等を読み解いて行政指導や行政処分を行います。したがって、必然的に**各自治体の判断は多少異なることがあります**。つまり、自治体のそれぞれ異なる判断に、排出事業者は対応しなければいけない、ということになります。

❷判断に迷ったら自治体へ確認

　廃棄物処理法はとても読み解きにくい法律です。もし法律の条文を読んでも苦にならないのであればぜひ読んで欲しいと思いますが、その際の注意点として**拡大解釈**[*1]をしすぎないことが重要です。

　また、前述したように廃棄物処理法はいわゆるグレーな部分が多く、曖昧なところが多分にあります。そのグレーな部分を拡大解釈するのは危険です。もし法令の解釈や判断に迷ったら、**許可権者**[*2]である**自治体に電話して担当者に判断を仰ぐこと**をおすすめします。　➡コラム❷参照

❸自治体独自のルール

　自治体では独自のルールとして**条例**[*3]や**要綱**[*4]を制定していることがあります。その場合には、排出事業者はその条例等も理解しておく必要があります。その条例や要綱には、多くの場合、罰則規定は設けられていませんが、罰則がなければ対応しなくてもよいことにはなりませんので、所管の自治体の条例等も確認しておくことをおすすめします。　➡コラム❸参照

[*1]　**拡大解釈**：言葉や文章の意味を、自分に都合のいいように広げて解釈すること。例：「廃棄物の種類を勝手に拡大解釈する」

[*2]　**許可権者**：許可権者とは、廃棄物処理法で定める産業廃棄物に関する指導、処分、許可などを与える権限を有する自治体を指す呼称。

[*3]　**条例**：地方公共団体がその事務について、議会の議決によって制定する法規のこと。

[*4]　**要綱**：行政機関内部における規範（ガイドライン）であって、法規としての拘束力をもたないもの。

●国と自治体と事業者の関係

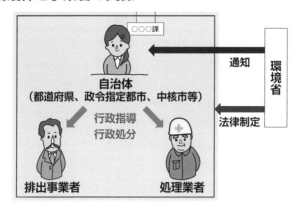

●わからないことは自治体へ確認

●条例や要綱で定められていること

すべての自治体ではありませんが、条例や要綱では
次のような事項が定められています。（詳しくは資料編参照）

自治体の主な独自のルール

事前協議制度	県外産業廃棄物を県内の処理業者に搬入して処理する場合などに、県と協議すること
産業廃棄物税	埋立処分につながる処理を委託した場合などに、それにかかわる税金を負担
処理業者への実地確認	法律では実地確認は努力義務だが、条例では必須など
多量排出事業者	例えば500t以上は多量排出事業者として、計画、実績を報告することなど
特別管理産業廃棄物	特別管理産業廃棄物管理責任者の届出や排出量の実績報告など

コラム ❷ 許可権限をもつ自治体

❶許可権者を確認する

　自治体は廃棄物処理法で定める産業廃棄物に関する指導、処分、許可などを与える権限を有することから、許可権者と呼ばれています。

　したがって、廃棄物管理の業務にあたっては、どの自治体が自社の廃棄物業務に関係するのかをまず確認しておく必要があります。

　2021年4月現在では以下の129の自治体が許可権者となります。

（処分業の許可権者）　　　　　　　　　　　　　　　　　　　　　　　　　　　　　　2021.4.1 現在

都道府県（47）				政令で指定する市						
				政令指定都市（20）		中核市（62）				
北海道	新潟県	奈良県	熊本県	札幌市	神戸市	函館市	川越市	豊橋市	明石市	長崎市
青森県	富山県	和歌山県	大分県	仙台市	岡山市	旭川市	川口市	岡崎市	西宮市	佐世保市
岩手県	石川県	鳥取県	宮崎県	さいたま市	広島市	青森市	越谷市	一宮市	奈良市	大分市
宮城県	福井県	島根県	鹿児島県	千葉市	北九州市	八戸市	船橋市	豊田市	和歌山市	宮崎市
秋田県	山梨県	岡山県	沖縄県	横浜市	福岡市	盛岡市	柏市	大津市	鳥取市	鹿児島市
山形県	長野県	広島県	―	川崎市	熊本市	秋田市	八王子市	豊中市	松江市	那覇市
福島県	岐阜県	山口県	―	相模原市	―	山形市	横須賀市	吹田市	倉敷市	
茨城県	静岡県	徳島県	―	新潟市	―	福島市	富山市	高槻市	呉市	
栃木県	愛知県	香川県	―	静岡市	―	郡山市	金沢市	枚方市	福山市	
群馬県	三重県	愛媛県	―	浜松市	―	いわき市	福井市	八尾市	下関市	
埼玉県	滋賀県	高知県	―	名古屋市	―	水戸市	甲府市	寝屋川市	高松市	
千葉県	京都府	福岡県	―	京都市	―	宇都宮市	長野市	東大阪市	松山市	
東京都	大阪府	佐賀県	―	大阪市	―	前橋市	松本市	姫路市	高知市	
神奈川県	兵庫県	長崎県	―	堺市	―	高崎市	岐阜市	尼崎市	久留米市	

❷どこの自治体が許可権者になるか

　表に示すように、千葉県内の許可権者は千葉県、千葉市、船橋市、柏市があります。例えば、柏市内に排出事業場がある会社が廃棄物について問い合わせる自治体は柏市です。では千葉県松戸市内の会社はどこに問い合わせればよいでしょうか?

　その場合は「千葉県」になります。つまり、千葉市、船橋市、柏市以外の市町村については千葉県が許可権者となります。

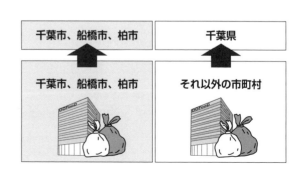

❸ 許可権者は年々増加

　許可権者は今後も増えていきます。廃棄物処理法では、中核市以上は許可権者となることが決められています。2018年以降中核市に移行した自治体と今後中核市を目指す自治体を次に示します。今後、許可権者が変わる可能性もありますので、関係しそうな場合はこの動向にも注意しておきましょう。

2018年以降中核市に移行した自治体
＜2018年4月＞　福島市、川口市、八尾市、明石市、鳥取市、松江市
＜2019年4月＞　山形市、福井市、甲府市、寝屋川市
＜2020年4月＞　水戸市、吹田市
＜2021年4月＞　松本市、一宮市
中核市移行を目指す自治体
つくば市、所沢市、春日部市、草加市、市川市、藤沢市、富士市、春日井市、津市、四日市市、佐賀市

中核市市長会HP及び各市の公表（2021年4月1日現在）

❹ 許可権者によって異なる“判断”

　前述のとおり、排出事業者や処理業者などへの“指導”や“判断”は許可権者が行います。しかし、例えばコピー機の「トナー」の種類について、ある許可権者は「汚泥」と判断し、ある許可権者は「廃プラ」と判断した事例が実際にあります。

　グレーな部分の多い法令や通知などを各自治体の担当者が読み解いて解釈していますので、こういった判断の違いはやむを得ないところはあるのですが、指導される立場の事業者にとっては悩ましい問題でもあります。

コラム ❸ 法律・条例の基礎知識

❶ 法律と条例

　法律と条例の違いについて簡単に見ていきます。以下のとおり、条例は法律の範囲内において制定することが憲法に定められており、条例は法令に反してはならないとされています。

- 法律：憲法第41条の規定から、国会の議決によって制定されるもの。
- 条例：憲法第94条の規定により、地方公共団体の議会の議決により制定されるもの。

❷ 条例

　条例は法律よりもさらに厳しい（又は広い範囲に）規制がかけられることがあります。たとえば「上乗せ」「横出し」などの条例があります。

- 上乗せ条例：国の法令に基づいて規制されている事項について、それよりも厳しい内容を課す条例のこと。
- 横出し条例：国の法令で規制していない事項を規制する条例のこと。

　廃棄物処理法以外にも、大気汚染防止法や騒音規制法、水質汚濁防止法など多くの法律に対する条例が各自治体で規定されています。

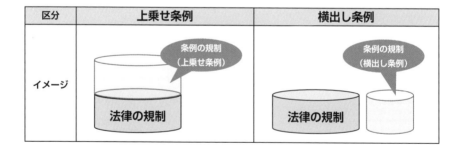

区分	上乗せ条例	横出し条例
イメージ	条例の規制（上乗せ条例） / 法律の規制	条例の規制（横出し条例） / 法律の規制

コラム ❹　自治体の廃棄物対策課

❶ 廃棄物対策課の職員はよく異動する

　自治体のほかの課でもそうかもしれませんが、廃棄物対策課の職員はよく人事異動があります。数年単位での異動となるため、ようやく難解な法令等を理解したころには他の課に異動してしまいます。

　したがって、廃棄物対策課の職員には経験の浅い人間が多くなりがちです。異動してきたばかりの職員は、ただでさえ難解な法律を一から覚えなければなりません。経験の浅い職員の担当官にあたれば、問合せに対して納得のできる回答が得られないことも考えられます。

　ですから、排出事業者の皆さんが廃棄物に関する知識をしっかりもつことも重要になります。

❷ 担当官の回答に "根拠" を求める

　前述したように、時としてあまり知識のない担当官が電話などの問合せに回答する場合があります。もし皆さんがその回答に疑問を抱いた場合は、「それは法律のどこに書いてあることですか?」などと、ぜひ "根拠" を求めてみてください。

　筆者も疑問がある場合は根拠をよく聞いているのですが、その根拠が不確かなことがとても多いのです。さらに根拠がなかった場合には、当初回答していた内容が覆ったりもします。

　法を遵守した廃棄物管理のためにも法的な根拠は押さえておく必要がありますので、ぜひ皆さんも担当官の回答に "根拠" を求めることをおすすめします。

5 社内内部監査の活用と処理業者の監査

❶社内内部監査の活用

　廃棄物に関するリスクの潜在化もしくは顕在化を防ぐために、**社内の内部監査を有効に活用する方法**があります。

　社内の廃棄物管理においては、本書の読者以外にも多くの人間が関係しているはずです。たとえば、各工場、各事業場の現場担当者がマニフェストを交付し、総務部門の担当者が契約締結を行い、作業員が廃棄物を保管管理するなど、いろいろな部門の人が廃棄物管理の実務に関係していると思います。

　したがって、その管理が社内のすべてにわたって適切に行われているかを確認することが必要になります。もし会社がISO14001などのマネジメント体制を導入しているのであれば、そのPDCAの中にこの確認の項目を追加し、内部監査などを行うことで管理の状況がチェックできます。

　社内内部監査の実務については第6章で詳しく紹介しますので、ここでは内部監査の必要性について確認しておきましょう（右図）。

❷処理業者への実地確認

　社内の廃棄物管理が問題ないからといって、安心安全であるとは限りません。どこに不安が残るかといえば、それは社外の廃棄物処理、つまり処理業者の処理が適正かどうか、というところです。

　それを確認するためには**「実地確認」（監査）が一番最適な手段**ではないでしょうか。ただし、"工場見学"のように処理業者のところにただ"行けばよい"ということではありません。きちんと監査のポイントを押さえ、そしてその記録をすることが必要です。

　この監査記録は、排出事業者責任を果たしている"証明"にもなりますので、監査を行った後には必ず記録を残しておきましょう。

　処理業者の監査の実務、確認ポイントについては第5章で紹介しますので、ここではその必要性について確認しておきましょう（右図）。

●社内内部監査の必要性

- ●廃棄物管理のリスクはとても大きいため、第三者目線で確認しておきたい
- ●実務担当者では、日常の廃棄物管理の妥当性のセルフチェックは難しい
- ●四位一体のリンクなどの妥当性確認は、客観的な第三者の方が適任である

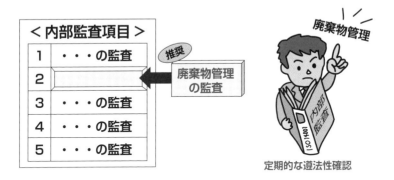

定期的な遵法性確認

●監査の必要性

- ●処理業者による不適正処理などのリスクを最小化するため
- ●横流しがないこと、適正に処理されていることを目で見て確認するため
- ●行政処分などの可能性がないこと、安心して委託できることを確認

ポイントを押さえた監査

学くんの成長日記 —— 第2章のまとめ

この章では、次のことを学びました。

● NGな処理業者、望ましい処理業者を見極めるのが大事であること

NG な処理業者

排出事業者

望ましい処理業者

● 国（環境省）と自治体の役割に違いがあること
● 自治体ごとに廃棄物処理法の解釈、判断が多少異なること

● 複数の部署間で廃棄物管理をしていても "四位一体" での管理が望ましいこと
● 廃棄物管理にあたっては社内内部監査などの機能の有効活用が望ましいこと

みどりさんの
ワンポイント アドバイス！

環境省や自治体の役割はわかった？　自治体ごとに廃棄物の取扱いの判断が異なることがあり得ることは覚えておいてね。

自治体ごとに判断が異なるなんてわかりにくいし、うちの会社は全国に支社があるのにそれじゃあルールを作りにくいなぁ～。

そうなのよ！　廃棄物処理法っていわゆるグレーな部分がとても多いのに、さらに自治体ごとに判断が違うことがあるから、余計に廃棄物管理が難しくなっているのよね。

なんでそうなんですか？　法律でびしっと決めて、通知でルールや解釈を統一したりすればいいのに…。

そうね。廃棄物の「総合判断説」という定義も一般の人ではなかなか理解しにくいし、さらに不要物の資源的価値で売却ができても、廃棄物として扱わないといけないこともあるしね。　➡コラム7参照

みどりさん、法律ってよくわからないんですけど、廃棄物の問題もいろいろな裁判の判例によって線引きなどがされるんじゃないんですか？

よく知っているわね。でもね、廃棄物処理法に関する裁判の判例って数がとても少ないのよ。いまでも相変わらず、かなり昔のおからの裁判や木くずの判例が取り上げられるくらいだから。

そうか。でも法律どおりに運用しないと、前の章で見たようなリスクが顕在化するかもしれないから、ちゃんとルールを守るしかないですよね。

そうね。まずは廃棄物について正しく理解して、排出事業者が誰であるかを特定すること。これが大事なのよ。そして"四位一体"での管理と監査の重要性はこの章で理解できたわね。次は廃棄物管理の基本的な知識を整理していくわよ！

はい！　廃棄物管理の実務のための第一歩ですね。よろしくお願いします。

第3章

廃棄物の基礎知識

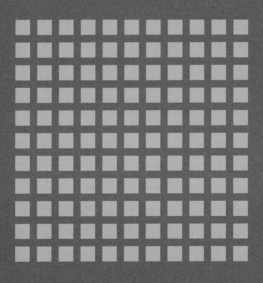

第3章　廃棄物の基礎知識

　さて、この第3章では廃棄物管理の実務の前提となる基礎知識について解説します。
廃棄物の種類、排出事業者の考え方、排出から最終処分までの廃棄物の流れに
ついて見ていきます。

1. 廃棄物とは?

　廃棄物管理を行うにあたっては、まず廃棄物についての知識がないと処理業者との委
託契約やマニフェストの理解につながりません。そのため、まずは廃棄物の"イロハ"を
理解しておく必要があります。産業廃棄物と一般廃棄物の違いや、産業廃棄物の種類
の分類などについて見ていきましょう。

2. 排出事業者は誰か?

　ゴミを処理業者に処理委託するにあたって、そもそも「排出事業者は誰なのか」とい
うことは、排出事業者責任を考える上でもとても重要になってきます。排出事業者の考
え方について紹介します。

3. 廃棄物の流れ

　排出された廃棄物が最終処分されるまでの流れを確認します。その流れの中で登場
する収集運搬業者、中間処理業者、最終処分業者の役割についても見ていきます。

●廃棄物とは…

産業廃棄物だと
20種類のうちどれかな？

社員食堂から出る残飯や医療機関からの注射器は、
ゴミはゴミなんだけど、これって…
- 産業廃棄物？
- 一般廃棄物？
- 特別管理産業廃棄物？

●排出事業者は誰?

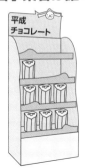

所有者がメーカーであるスーパーの陳列棚。
メーカーが倒産した場合、
この陳列棚の排出事業者は誰か？

●処理業者の役割とは…

収集運搬業者

中間処理業者

最終処分業者

1 廃棄物とは？

❶ 廃棄物と有価物

　不要なものが発生したとします。まずはじめにその不要物が、売れるものなのか（有価物）、売れないものなのか（廃棄物）を確認します。売れるものは、運送費を差し引いても**売却利益があれば「有価物」となり、それは廃棄物処理法の適用外**となります。

　一方、売れないものは無価物となりますので「廃棄物」に分類され、廃棄物処理法の適用を受けることになります（厳密には「総合判断説」に従って判別）。 ➡コラム**7**参照

❷ 産業廃棄物と一般廃棄物

　次に産業廃棄物と一般廃棄物の分類をみていきます。産業廃棄物は、**事業活動に伴って生じた廃棄物のうち、法令に定められた20種類を指します**（53ページ参照）。ここでいう事業活動には、製造業や建設業などのほか、オフィス、小売業等の商業活動や、学校等の公共的事業も含まれます。一方、一般廃棄物は、法律では「産業廃棄物以外」と規定されています。したがって、家庭ゴミは一般廃棄物です。また、**事業活動に伴って排出される廃棄物であっても、特定の業種以外から排出されれば一般廃棄物となります。**これを**「事業系一般廃棄物」**[*1]と呼びます。 ➡コラム**5**参照

　そのほか、廃棄物の定義として、「固形状もしくは液状のものであり、放射性物質の廃棄物を除く」とありますので、例えば気化するフロン[*2]に関してはフロン排出抑制法の対象であり、放射性物質の濃度が高いもの[*3]に関しては放射性物質特措法などの対象となり、これらの法律の定めに従って処理されます。

❸ 産業廃棄物と一般廃棄物の違い

　右表の「処理区域」に示すように、一般廃棄物は基本的には市町村内の処理となり、市町村の外に出ることはありません。一方、産業廃棄物は基本的には日本全国どこで処理してもよい、ということになっています。また、委託契約書やマニフェストの使用の有無についても、産業廃棄物、一般廃棄物で異なります（右表）。

[*1] **事業系一般廃棄物**：事業活動に伴って排出される廃棄物であっても、特定の業種以外から排出された紙くずや木くずなどは一般廃棄物となる。これを通称「事業系一般廃棄物」という（これは法で定められた用語ではない）。

[*2] **フロン**：気化するフロンについては、固形状もしくは液状のものではないため、廃棄物とはならない。フロン排出抑制法によって業務用冷凍空調機の整備時、廃棄時にフロン類の回収が進められている（フロン回収行程管理票の運用によりフロン類が回収される）。

[*3] **放射性廃棄物**：福島第一原発周辺の事故由来放射性物質の放射性セシウム濃度が8,000ベクレル/kgを超える「指定廃棄物」や、「特定廃棄物」などに分類され、基本的には国に処理責任がある。

●有価物・廃棄物のフローチャート

不要物が発生した場合、それがどれに分類されるかをフローチャートで判断します。

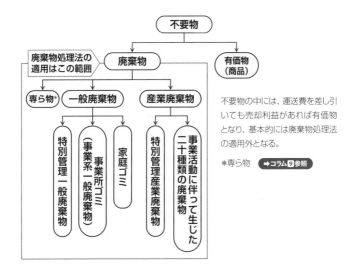

廃棄物処理法の適用はこの範囲

不要物の中には、運送費を差し引いても売却利益があれば有価物となり、基本的には廃棄物処理法の適用外となる。

＊専ら物 **➡コラム9参照**

●産業廃棄物と一般廃棄物の違い一覧

	産業廃棄物	一般廃棄物
定義	事業活動に伴って生じた廃棄物のうち、政令で定める20種類	産業廃棄物以外
処理責任	排出事業者	市町村 （事業系一般廃棄物は排出事業者）
処理区域	基本的には全国どこでも処理可	原則、市町村内処理
契約	収集運搬業者、処分業者との書面契約要	契約不要 ただし、自治体により必要な場合あり
伝票管理	マニフェスト交付、照合、保管要	マニフェスト不要 ただし、自治体により必要な場合あり
許可	産業廃棄物収集運搬業許可 産業廃棄物処分業許可 処理施設の設置許可	一般廃棄物収集運搬業許可 一般廃棄物処分業許可 処理施設の設置許可 ただし、市町村の清掃センターなどは許可不要

1 廃棄物とは?

❹ 産業廃棄物

前述のとおり法の定義では、産業廃棄物は、事業活動に伴って生じた廃棄物のうち、右表の20種類となります。

また、13の紙くずから19の動物の死体については、排出する業種が特定されており、この業種から排出される紙くずなどのみが産業廃棄物となります。

この業種以外から排出されるものは一般廃棄物となります。ただし、木くずの「木製パレット」については、特定の業種ではなく、すべての業種から排出される「木製パレット」すべてが産業廃棄物となります。

産業廃棄物の定義を簡単に箇条書きにすると以下のとおりになります。

- 事業活動に伴って排出され
- 法令に定める20種類（右表）に該当し
- 固形状もしくは液状のもの
- 放射性廃棄物以外のもの

みどりさんの「判断がつきにくい廃棄物」クイズ

Q：製造業の製造過程で排出されたコンクリートは、「がれき類」、「ガラス・コンクリート・陶磁器くず」？

A：「がれき類」は、建築や解体などの建設工事から生じたコンクリートの破片などの不要物。「ガラス・コンクリート・陶磁器くず」は、工事以外の製造業等から生じたモルタルなども含むコンクリートくず。したがって、製造業からの排出なので、答えは「ガラス・コンクリート・陶磁器くず」。

Q：ポリエステル製品の洋服は、「繊維くず」、「廃プラスチック類」？

A：「繊維くず」は、天然繊維くず。「廃プラスチック類」は合成繊維くず。したがって、ポリエステル製品は合成繊維なので「廃プラスチック類」。

Q：廃タイヤは、「ゴムくず」、「廃プラスチック類」？

A：「ゴムくず」は、天然ゴムくず。「廃プラスチック類」は合成ゴムくず。したがって、廃タイヤは一般的には合成ゴムなので「廃プラスチック類」。

Q：輸送のための木箱は、「木くず」、「一般廃棄物」？

A：「木製パレット」の定義は、貨物の流通のために使用したパレット。したがって、この木箱はパレットの使用を伴わないものになるので、基本的には「一般廃棄物」。

Q：事業活動で使用したシャーペンは、「金属くず」「廃プラスチック類」になるが、これは産廃、一廃？

A：このシャーペンなどのようなオフィスから排出される廃棄物は、法令に定める20種類に当てはめると基本的には産業廃棄物に該当する。しかし、家庭から排出されるような少量のゴミであれば、法律で規定する「合わせ産廃」に該当し、市町村が収集してくれる場合もある。 **→コラム5参照**

※この廃棄物の種類の判断は法律を読み解く限りの解釈ですので、実際に運用する際は具体的な状況等を説明の上、所管自治体の廃棄物担当部局の判断をご確認ください。

●産業廃棄物の種類

	種類		具体例
1	燃え殻		焼却残灰、石炭火力発電所から発生する石炭がらなど
2	汚泥		工場廃水処理や物の製造工程などから排出される泥状のもの
3	廃油		潤滑油、洗浄用油などの不要になったもの
4	廃酸		酸性の廃液
5	廃アルカリ		アルカリ性の廃液
6	廃プラスチック類		合成樹脂くず、合成繊維くず、合成ゴムくず等合成高分子系化合物
7	ゴムくず		天然ゴムくず
8	金属くず		鉄くず、アルミくずなど
9	ガラス・コンクリート・陶磁器くず		製品の製造過程で生じたコンクリートくずなど
10	鉱さい		製鉄所の炉の残さいなど
11	がれき類		建物の新築・改築・解体に伴って生じたコンクリート破片・アスファルト破片など
12	ばいじん		工場や焼却施設の排ガスから集められたばいじん
13	特定の事業活動に伴うもの	紙くず	建設業、パルプ製造業、製紙業、紙加工品製造業、新聞業、出版業、製本業、印刷物加工業から生ずる紙くず
14		木くず	建設業、木材・木製品製造業、パルプ製造業、輸入木材の卸売業、物品賃貸業から生ずる木材片等 貨物の流通のために使用されたパレット等
15		繊維くず	建設業、衣服その他繊維製品製造業以外の繊維工業から生ずる木綿くず、羊毛くずなどの天然繊維くず
16		動植物性残さ	食料品、医薬品、香料製造業から生ずる醸造かす、発酵かす等の固形状の不要物
17		動物系固形不要物	と畜場において処分した獣畜、食鳥処理場において処理した食鳥に係る固形状の不要物
18		動物のふん尿	畜産農業から排出される牛、馬、豚、めん羊、にわとり等のふん尿
19		動物の死体	畜産農業から排出される牛、馬、豚、めん羊、にわとり等の死体
20	上記の19種類の産業廃棄物を処分するために処理したもの（コンクリート固化物など）		

❺特別管理産業廃棄物

　特別な管理が必要とされる廃棄物のことで、爆発性、毒性、感染性などの有害な廃棄物のうち、事業活動から排出される廃棄物を「特別管理産業廃棄物」といい、右表（上）のようなPCB廃棄物、廃石綿（アスベスト）などがあります。

　特別管理産業廃棄物を排出する場合、**「特別管理産業廃棄物管理責任者」**（以下、特管管理責任者）を設置しなければなりません。　→コラム⓾参照

●設置

　特別管理産業廃棄物を排出する事業場を設置している事業者は、法に定める要件を満たす者のうちから特管管理責任者を選任し、事業場ごとに設置する義務があります。

●役割

　特管管理責任者の役割は、当該責任者が置かれた事業場における特別管理産業廃棄物に係る管理全般にわたる業務であり、例えば次のような役割があります。
- 特別管理産業廃棄物の**排出状況の把握**
- 特別管理産業廃棄物**処理計画の立案**
- **適正な処理の確保**（保管状況の確認、処理基準の遵守、委託業者の選定や適正な委託の実施、マニフェストの交付、保管等）

●帳簿の備え付け

　事業活動に伴い特別管理産業廃棄物を生ずる事業者は、右表（下）の事項を記載した帳簿を作成し、1年ごとに閉鎖するとともに、閉鎖後5年間保存しなければなりません。ただし、**特別管理産業廃棄物を処理業者に処理委託する場合は、マニフェストがその代わりになるので、帳簿の備え付けは不要**です。

●特別管理産業廃棄物の種類

分類		具体的な例
引火性廃油		揮発油類、灯油類、軽油類で引火点70℃未満の廃油
強酸・強アルカリ		pH2.0以下の酸性廃液、pH12.5以上のアルカリ性廃液
感染性産業廃棄物		感染性病原体が含むか、そのおそれのある産業廃棄物（血液の付着した注射針、採血管等）
特定有害産業廃棄物	PCB等（廃PCB等、PCB汚染物、PCB処理物）	・廃PCB及びPCBを含む廃油 ・PCBが塗布され、もしくは染み込んだ汚泥、紙くず、木くず、繊維くず、PCBが付着、もしくは封入された廃プラスチック類や金属くず、陶磁器くず、がれき類など
	廃石綿等	・建築物から除去した飛散性の吹き付け石綿・石綿含有保温材や、その除去工事から生ずるプラスチックシートなどで、石綿が付着しているおそれのあるもの ・大気汚染防止法の特定粉じん発生施設を有する事業場の集じん装置で集められた飛散性の石綿など
	有害産業廃棄物	水銀、カドミウム、鉛、有機りん化合物、六価クロム、ひ素、シアン、PCB、トリクロロエチレン、テトラクロロエチレン、ジクロロメタン、四塩化炭素、1,2-ジクロロエタン、1,1-ジクロロエチレン、シス-1,2-ジクロロエチレン、1,1,1-トリクロロエタン、1,1,2-トリクロロエタン、1,3-ジクロロプロペン、チウラム、シマジン、チオベンカルブ、ベンゼン、セレン又はその化合物、1,4-ジオキサンを基準値以上含んでいる、又はダイオキシン類を基準値以上含んでいる汚泥、鉱さい、廃油（廃溶剤）、廃酸、廃アルカリ、燃えがら、ばいじんなど

●帳簿の記載事項

区分	帳簿の記載事項
運搬	1. 当該特別管理産業廃棄物を生じた事業場の名称及び所在地 2. 運搬年月日 3. 運搬方法及び運搬先ごとの運搬量 4. 積替え又は保管を行う場合には、積替え又は保管の場所ごとの搬出量
処分	1. 当該特別管理産業廃棄物の処分を行った事業場の名称及び所在地 2. 処分年月日 3. 処分方法ごとの処分量 4. 処分（埋立処分を除く。）後の廃棄物の持出先ごとの持出量

1 廃棄物とは？

❻ 廃棄物・有価物の判断

廃棄物、有価物の判断は次のような考え方が主流になっています。最終的には取引価値の有無や腐敗の状況などで総合的に勘案して判断されます。　→コラム❼参照

● 廃棄物としての取扱い

基本的には右図①のように、収集運搬費（運賃）も処理費も排出事業者が支払うのであれば、排出事業場から廃棄物として扱うことになります。

● 有価物としての取扱い

右図②のように、売却代金と運賃を相殺しても排出事業者に収入があれば、はじめから有価物としての扱いとなり、廃棄物処理法の適用外となります。

● 収集運搬過程のみ廃棄物としての取扱い

上記2点の合わせ技がこちらで、有価物として売却はするものの、運賃がその売却費を上回る場合は、その収集運搬過程のみ廃棄物として扱います（右図③）。

これは簡単にいうと、収集運搬過程は "マイナスの価値" となるため、「"ぞんざい" に扱われる可能性があるから」という理由によるものです（**環境省通知**[*1] 参照）。この場合、収集運搬過程では廃棄物として運用することになります。つまり、収集運搬は産業廃棄物収集運搬業者と委託契約を締結し、委託することになります。また、マニフェストは収集運搬過程のみ交付する必要があります。

ただし、これは**リユース**[*2] に確実に回る場合は別であり、具体的には、例えば中古市場にパソコンが売却されたとき、運搬費の方が売却費を上回ったとしても、このルールを当てはめる必要はありません。

[*1] **環境省通知**：「産業廃棄物の占有者（排出事業者等）がその産業廃棄物を、再生利用又は電気、熱若しくはガスのエネルギー源として利用するために有償で譲り受ける者へ引渡す場合においては、引渡し側が輸送費を負担し、当該輸送費が売却代金を上回る場合等当該産業廃棄物の引渡しに係る事業全体において引渡し側に経済的損失が生じている場合であっても、少なくとも、再生利用又はエネルギー源として利用するために有償で譲り受ける者が占有者となった時点以降については、廃棄物に該当しないと判断しても差し支えないこと。」　環廃産発第13032911号（平成25年3月29日）「規制改革通知に関するQ&A集」（最終改正：平成25年6月28日）Ⅱ Q&A 第四『「廃棄物」か否か判断する際の輸送費の取扱い等の明確化』

[*2] **リユース**：3R（スリーアール）とは、リデュース（Reduce）、リユース（Reuse）、リサイクル（Recycle）のこと。リデュースとは、物を大切に使ってゴミを減らすこと（発生・排出抑制）、リユースとは、使えるものを繰り返し使うこと（再使用）、リサイクルとは、廃棄物を資源として再び利用すること（再生利用）をいう。

●廃棄物・有価物の例

①廃棄物としての取扱い

排出事業者が運賃と処理費を
支払う場合

【具体例】
▲ 35,000円 ＜ 0円
⇒ 廃棄物

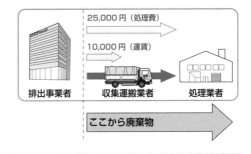

②有価物としての取扱い

売却代金と運賃を相殺しても、
排出事業者に収入がある場合

【具体例】
1,000円 ＞ 0円
⇒ 有価物

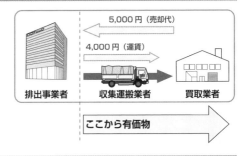

③収集運搬過程のみ廃棄物としての取扱い

「売却代金」－「運賃」でマイナスになる場合

【具体例】▲ 15,000円 ＜ 0円（手元マイナス）
⇒ 廃棄物（運搬中に限る）

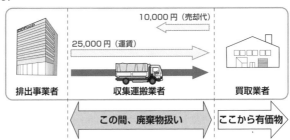

*このルールは、産業廃棄物の中間処理業者のように、廃棄物を処理して再資源化する業者に対して売却される
　ときに限って適用されます。

1 廃棄物とは？

❼ 一般廃棄物

廃棄物処理法上での一般廃棄物の定義は「産業廃棄物以外」となります。したがって、法令に定められた産業廃棄物の20種類以外の事業系一般廃棄物と家庭ゴミが一般廃棄物となります。

家庭ゴミについては市町村に処理する責任がありますが、事業系一般廃棄物については排出事業者に処理する責任がありますので、その扱いには注意が必要です。

これらの一般廃棄物については、市町村によって様々なルールがあり処理ルートもそれぞれ異なりますが、一般的には右図（下）のような処理ルートで処理されます。

一般廃棄物の例

区分	種類	具体例
家庭廃棄物	可燃ゴミ	残飯等の生ゴミ、ちり紙・新聞・雑誌等の紙くず（資源回収している区市町村あり）、庭木の剪定で生じた木くず、衣類など
	不燃ゴミ	食器などのガラス・陶磁器、なべ・フライパン等の金属、ペットボトル等のプラスチック（分別収集している区市町村あり）など
	粗大ゴミ	大型の電化製品（家電4品目を除く）、タンス・食器棚等の家具類、自転車など
	家電4品目	洗濯機、エアコン、テレビ、冷蔵庫 →家電リサイクル法に従って廃棄
	パソコン	パソコン及び周辺機器 →資源有効利用促進法に従って廃棄
	自動車	自動車 →自動車リサイクル法に従って廃棄
	有害ゴミ	乾電池、蛍光灯、体温計等の有害物質が含まれるゴミ

出典：東京都ホームページを参考に作表

◉一般廃棄物の処理責任

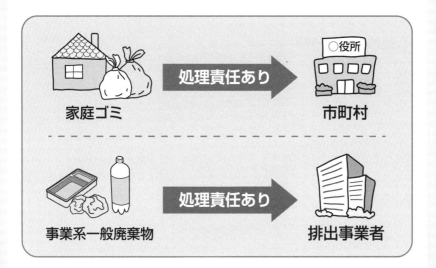

◉一般的な一般廃棄物の処理ルート

- 一般廃棄物は、区市町村の清掃センター（ゴミ処理施設）で処理
- 自ら持ち込むか、市町村の許可を受けた一般廃棄物収集運搬業者が収集運搬

コラム 5 事業系一般廃棄物

❶ 事業系一般廃棄物

　この「事業系一般廃棄物」とは、事業活動に伴って生じたもの（オフィスなどから排出された場合など）であっても、一般廃棄物として処理されるものを指します（「事業系一般廃棄物」という言葉は法律で定義されているわけではありません）。

　20種類に分類される産業廃棄物のうち、紙くずや食べ残しなどの動植物性残さなどは、特定の業種から排出されたものは産業廃棄物となりますが、特定の業種以外から排出されれば一般廃棄物となります。これを「事業系一般廃棄物」と呼びます。

　具体的には次のようなものが挙げられますが、これは市町村によって区分が異なりますので、詳しくは市町村の廃棄物担当課までお問合せください。

事業系一般廃棄物の例		
可燃ゴミ	生ゴミ	料理くず、残飯、茶かす、貝殻等
	再生のきかない紙くず	チリ紙、紙コップ、カーボン紙等
	その他	木くず、割箸等
不燃ゴミ	プラスチック類	包装ビニール、ポリ袋、ポリ容器等
	陶磁器類	茶碗、皿等
資源ゴミ	紙類	段ボール、新聞紙、チラシ、雑誌等
	金属類	空き缶、鍋、やかん等
	ガラスくず・瓶類	割れた瓶、ビールや清涼飲料水の瓶等
	ペットボトル	飲料用、醤油、酒類等

❷ 合わせ産廃

　例えば、事業活動に伴って排出されるクリアファイルなどは、廃棄物の種類に当てはめると「廃プラスチック類」に該当しますので、本来であれば産業廃棄物となります。

　しかし、家庭ゴミと同じくらい少量であれば、一般廃棄物としても処分することが可能となります。これを「**合わせ産廃**」[*1]と呼びます。市町村によっても異なりますが、多くは一般廃棄物として処理されます。

[*1]　**合わせ産廃**：産業廃棄物は事業者が自ら処理することが原則だが、必要であると認める場合は、市町村が一般廃棄物とあわせて産業廃棄物の処理を行うことができる。これを通称「合わせ産廃」という。（法第11条第2項）

コラム ⑥　家電4品目の廃棄

❶ 家電リサイクル法の対象となる家電4品目

　特定家庭用機器再商品化法（家電リサイクル法）では、エアコン、テレビ、冷蔵庫・冷凍庫、洗濯機の4品目が特定家庭用機器として指定され、排出者は家電4品目を廃棄する際、小売業者、製造業者等からの求めに応じ、リサイクル料金を支払うことと規定されています。

❷ 会社から排出される家電4品目も家電リサイクル法の対象

　家電4品目は前述の4品目となりますが、そのうち「業務用」の家電製品については家電リサイクル法の対象とはなりません。

　この「業務用」というのは、会社で使用していたものという意味ではなく、家電メーカーが「業務用」として製造したものか、「家庭用」として製造したものかで判断されることになります。したがって、排出場所は関係ありませんので、会社から排出された場合でも、「家庭用」であれば家電リサイクル法の対象となり、「業務用」であれば産業廃棄物として処理することになります。

業務用   **対象外**

❶環境省の通知

　廃棄物に該当するか否か（有価物に該当するか否か）の判断については、以下の環境省の通知にあるように、①物の性状、②排出の状況、③通常の取扱い形態、④取引価値の有無、⑤占有者の意思などの複数の項目に基づいて総合的に勘案して廃棄物か有価物かを判断するという考え方（いわゆる総合判断説）が採用されています。

　したがって、「有償譲渡しているから有価物」と一様に判断するのではなく、所管の自治体に確認することをおすすめします。

---

(2)廃棄物該当性の判断について
①廃棄物とは、占有者が自ら利用し、又は他人に有償で譲渡することができないために不要となったものをいい、これらに該当するか否かは、その物の性状、排出の状況、通常の取扱い形態、取引価値の有無及び占有者の意思等を総合的に勘案して判断すべきものであること。
（中略）
　ア　物の性状
　　利用用途に要求される品質を満足し、かつ飛散、流出、悪臭の発生等の生活環境の保全上の支障が発生するおそれのないものであること。（中略）
　イ　排出の状況
　　排出が需要に沿った計画的なものであり、排出前や排出時に適切な保管や品質管理がなされていること。
　ウ　通常の取扱い形態
　　製品としての市場が形成されており、廃棄物として処理されている事例が通常は認められないこと。
　エ　取引価値の有無
　　占有者と取引の相手方との間で有償譲渡がなされており、なおかつ客観的に見て当該取引に経済的合理性があること。（中略）
　オ　占有者の意思
　　客観的要素から社会通念上合理的に認定し得る占有者の意思として、適切に利用し若しくは他人に有償譲渡する意思が認められること、又は放置若しくは処分の意思が認められないこと。（以下略）

（平成30年3月30日 環循規発第1803306号 環境省環境再生・資源循環局廃棄物規制課長通知（行政処分の指針について）より抜粋）

---

❷判例

　廃棄物事案の裁判は多くはありませんが、通称「おから裁判」と呼ばれる有名な判例があります。豆腐製造業者から処理料金をもらっておからを引き取り飼料や肥料に加工していた事業者が、無許可で廃棄物を処理していたとして起訴された事案です。裁判では廃棄物処理法に規定される「不要物」におからが該当するかどうかについて争われましたが、最高裁は総合判断説の考え方をとり、おからの腐敗しやすい性状や処理料金を徴収していた事実などを理由に、「おからは産業廃棄物である」と判断しました。

コラム 🎱 廃棄物処理法の関連法令 (フロン、アスベスト)

❶ フロン排出抑制法

　例えば、フロンが入っているビールサーバーなどを廃棄する場合には、廃棄物処理法で定めるルールに従って処理されますが、ビールサーバー内のフロンに関しては、フロン排出抑制法で定めるフロン回収行程管理票の運用によって回収され、破壊や再生が行われることになります。したがって、このような場合には、産業廃棄物管理票(マニフェスト)とフロン回収行程管理票の2つの伝票を交付する必要があります。

❷ 廃石綿の関係法令

　石綿(アスベスト)の廃棄時においては、廃棄物処理法はもとより、除去作業などに関しては労働安全衛生法や石綿障害予防規則、建築物の解体時の飛散防止対策など関しては大気汚染防止法、リサイクルに関しては建設リサイクル法、PRTR制度の届出対象物質となるPRTR法など、数多くの法令が関連しています。

①建築時、使用時

②解体時

③リサイクル時

④廃棄時

行うべきタスクあり！

コラム 9　専ら物等の再生利用

❶専ら物

　専ら再生利用の目的となる一般廃棄物、産業廃棄物を「専ら物」と呼びます。専ら物には、古紙、くず鉄、空き瓶類、古繊維が該当しますが、この4品目は廃棄物処理法の制定前から再生利用されるルートが確立されていました。

　したがって、この4品目のみを再生利用の目的で扱う業者は、処理業の許可を必要としません。この業者に処理を委託する場合はマニフェストを交付する必要もありません。また、委託契約書も一部においては不要になるなどとされています。

❷その他の再生利用

　最近では、専ら物に該当しない廃ペットボトルについても東京都知事の再生利用指定の対象物とされる事例もあります。指定された廃ペットボトルについては、運搬する業者は処理業の許可が不要となり、また、マニフェストの交付も不要となるなど、専ら物のような扱いとなります。東京都の例のように、再生利用促進のために廃ペットボトルの再生利用指定を行う自治体もありますので、その動きにも注意する必要があるでしょう。

コラム ⑩　特別管理産業廃棄物管理責任者

❶設置義務

　事業活動に伴って**特別管理産業廃棄物を生ずる事業場を設置している事業者**は、その事業場ごとに、特別管理産業廃棄物の処理業務を適切に行わせるため、**特別管理産業廃棄物管理責任者**を置かなければなりません。（法第12条の2第8項）

❷資格

　特別管理産業廃棄物管理責任者は、施行規則で定める下記の資格を有する者でなければなりません。（法第12条の2第9項、法施行規則第8条の17）

[1] 感染性産業廃棄物を生ずる事業場

	資格（学校区分）*1	課程	修了科目	要件（必要年数等）
イ	医師、歯科医師、薬剤師、獣医師、保健師、助産師、看護師、臨床検査技師、衛生検査技師、歯科衛生士	—	—	—
ロ	環境衛生指導員	—	—	2年以上
ハ	大学、高専	医学、薬学、保健学、衛生学、獣医学	—	卒業または同等以上の知識を有すると認められる者

[2] 感染性産業廃棄物以外の特別管理産業廃棄物を生ずる事業場

	資格（学校区分）*1	課程	修了科目	要件（必要年数等）
イ	環境衛生指導員	—	—	2年以上
ロ	大学	理学、薬学、工学、農学	衛生工学、化学工学	卒業後2年以上*2の実務経験
ハ	大学	理学、薬学、工学、農学又は相当課程	衛生工学、化学工学以外	卒業後3年以上の実務経験
ニ	短期大学、高専	理学、薬学、工学、農学又は相当課程	衛生工学、化学工学	卒業後4年以上の実務経験
ホ	短期大学、高専	理学、薬学、工学、農学又は相当課程	衛生工学、化学工学以外	卒業後5年以上の実務経験
ヘ	高校、中等教育	—	土木科、化学科又は相当学科	卒業後6年以上の実務経験
ト	高校、中等教育	—	理学、工学、農学又は相当科目	卒業後7年以上の実務経験
チ	上記以外の者	—	—	10年以上の実務経験
リ	上記の者と同等以上の知識を有すると認められる者			

＊1　旧大学令、旧専門学校令、旧中等学校令に基づく各学校の卒業者にも適用有
＊2　実務経験＝廃棄物の処理に関する技術上の実務に従事した経験
上記のように、[1] 感染性産業廃棄物を生ずる事業場と、[2] 感染性産業廃棄物以外の特別管理産業廃棄物を生ずる事業場では、その資格要件が異なります。また、多くの都道府県・政令市（以下「都道府県等」という。）が、当センター主催の「特別管理産業廃棄物管理責任者に関する講習会」修了者を[1]の場合「ハ」と[2]の場合「リ」に掲げる「同等以上の知識を有すると認められる者」として認定しています。
出典：（公財）日本産業廃棄物処理振興センターホームページ

2 排出事業者は誰か?

❶排出事業者の定義

「排出事業者」という言葉は法律上は定義づけられていません。つまり、排出事業者が誰かということは定められていないのです。しかし通常は、**「所有者」もしくは「占有者」が排出事業者**になると解釈されています。

ただし、建設工事に伴って排出される建設廃棄物、いわゆる"建廃"の排出事業者はその建設工事を発注者から直接請けた工事業者の**「元請業者」が排出事業者である**、と定義されています[*1]。

❷下取りした廃製品の排出事業者

よくある下取りの例として、複写機を事務機器メーカーから購入した際に古い複写機を引き取ってもらうことがあります。

そのように廃製品を下取ってもらう場合、通常は下取りした販売店もしくはメーカーが排出事業者になります。しかし、**環境省通知**[*2]では、下取りする際の運搬過程においては廃棄物として取り扱わなくても差し支えないとなっています。これは排出事業者が下取りした側に移転するということではなく、"そのように解釈することができる"ということに留意してください。ただし、下取りの際に第三者の運送業者を利用する場合には、その第三者は廃棄物収集運搬業の許可が必要になる可能性がありますので、注意が必要となります。

......

[*1] **建設廃棄物の排出事業者は元請業者**：廃棄物処理法第21条の3を要約すると、「建設工事の場合にあっては、排出事業者責任の規定の適用については、当該建設工事の注文者から直接建設工事を請け負った元請業者を排出事業者とする。」と定められている。

[*2] **環境省通知「下取り廃棄物の扱い」**：新しい製品を販売する際に商慣習として同種の製品で使用済みのものを無償で引き取り、収集運搬する下取り行為については、産業廃棄物収集運搬業の許可は不要であること。したがって、「新しい製品を販売した際」「商慣習としてある場合」「同種の製品を引き取る場合」「無償の場合」の4つがすべて満たされる場合は、廃棄物でいう下取り行為となり、その廃製品は廃棄物として扱わなくてもよい、ということになる。「産業廃棄物処理業及び特別管理産業廃棄物処理業並びに産業廃棄物処理施設の許可事務等の取扱いについて（通知）」（環境省通知 環廃産発第13032910号 平成25年3月29日）

◉排出事業者は誰か?

<基本>

排出事業者 ＝ 所有者　OR　占有者

<例外>　・建設廃棄物の排出事業者

発注者　→工事発注→　元請業者 ＝ 排出事業者　がれき類

<例外>　・下取りした廃製品の排出事業者

販売店 / メーカー ＝ 排出事業者
一般的にはこの販売店、メーカーが排出事業者となる

新品の納品

廃製品の引き取り

ユーザー

廃棄物として扱わなくてよい（環境省の通知）

コラム ⓫ 誰が排出事業者になるか？

❶解体工事で発生した机や什器、PCB廃棄物などの排出事業者

　建設工事に伴う廃棄物、いわゆる"建廃"の排出事業者は元請業者ですが、さて、解体工事の場合、元請業者の処理責任はどこまでなのでしょうか？　例えば、解体物件の中に残されていた机や什器なども元請業者が排出事業者になるのでしょうか？

　基本的には、机など動かせるものについては、もともとの所有者が排出事業者になると考えられます。建物の躯体や設備など建設工事業者が取り扱うものに対しては、元請業者が排出事業者になります。

　一方、PCB廃棄物については、PCB特措法で定められている保管事業者が排出事業者となります。このPCBについては、いくら建物の設備の一部であったとしても元請業者は排出事業者になることができません。

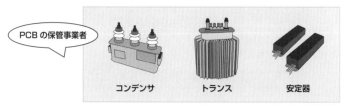

コンデンサ　　　　トランス　　　　安定器

❷ メンテナンスに伴い発生する産業廃棄物の排出事業者

次に建設工事には当てはまらない設備やビルの「メンテナンス」に伴って発生する廃棄物については、誰が排出事業者になるでしょうか?

● メンテナンスが土木建築に関する工事に該当する場合は、元請業者が排出事業者

● メンテナンスが建設工事に該当せず、修繕などのメンテナンスに伴い生ずる部品や、床ワックス剥離廃液等については、メンテナンス業者又は設備やビルを支配管理する所有者又は管理者が排出事業者

この後者のメンテナンス業者又はビル等の所有者・管理者が排出事業者になる場合は、廃棄物を支配管理している者に排出事業者責任を負わせることが最も適当であると考えます。そのため、このような場合のメンテナンス契約において、産業廃棄物の排出事業者責任の所在及び費用負担についてあらかじめ定めておくことが望まれます。

原状回復工事など
（ビルの壁の工事、
店舗入れ替えなどによる）　**元請業者**

廃液など
（清掃などで出た）　**メンテナンス業者**

もしくは

配線など
（ビルの空調設備の
メンテナンスに伴う）　**メンテナンス業者**　**ビル管理者**

3 廃棄物の流れ

実務の解説の前に廃棄物の流れを確認することにします。

まずはじめに、「処理」という言葉は、一般的には中間処理のことを指すと思いがちですが、法律上の定義では「収集運搬」、「処分」の両方を含みます。

さらに「処分」という言葉は、「中間処理」、「最終処分」の両方を含みます。

以上を踏まえ、処理、処分にかかわる収集運搬業者、中間処理業者、最終処分業者の役割をみていきましょう。

❶収集運搬業者

廃棄物の収集運搬は、**収集運搬業の許可をもった収集運搬業者によって収集運搬**されます。また、右図にもあるように、収集運搬の許可の範囲内に「**積替保管**」という許可があります。一般的にはこの積替保管施設は、以下のA区間もしくはB区間の収集運搬業者の施設になります。

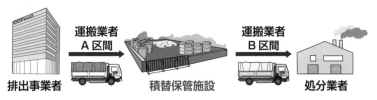

❷中間処理業者

中間処理業者での処理の種類はいくつかありますが、減量・減容化、無害化、安定化、再資源化を目的として、焼却や溶融、破砕、圧縮、肥料化などの処理が行われます。また、中間処理の過程で発生したシュレッダーダストのような廃棄物については、今度はその中間処理業者が排出事業者となり、最終処分業者に処理を委託します。

❸最終処分業者

法律上の定義として「最終処分」には「埋立」「再生」「海洋投入」があります。最終処分の代表的なものとしては「埋立」を思い浮かべるかもしれませんが、実際に一番多いのは「再生」です。この「再生」は、再資源化されて有価物になれば「再生」となります。例えば、破砕後の鉄やアルミなどが挙げられます。

●廃棄物の流れと処理業者

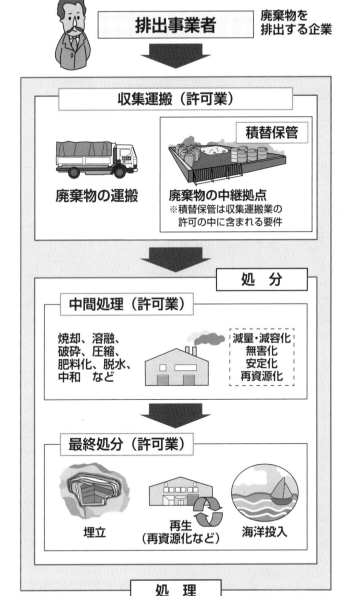

排出事業者 ── 廃棄物を排出する企業

収集運搬（許可業）

積替保管

廃棄物の運搬　　廃棄物の中継拠点
※積替保管は収集運搬業の
　許可の中に含まれる要件

処　分

中間処理（許可業）

焼却、溶融、
破砕、圧縮、
肥料化、脱水、
中和　など

減量・減容化
無害化
安定化
再資源化

最終処分（許可業）

埋立　　　　　再生　　　　　海洋投入
　　　　（再資源化など）

処　理

学くんの成長日記 —— 第3章のまとめ

この章では、次のことを学びました。

● 不要物は有価物と廃棄物に分けられること
● 廃棄物は産業廃棄物と
　一般廃棄物に
　分類されること

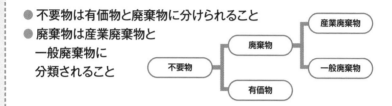

● 産業廃棄物には 20 種類に分類され、これに該当しないものは一般廃棄物であること（特別管理産業廃棄物を除く）

● 原則的には、所有者もしくは占有者が、建設廃棄物については元請業者が排出事業者であること

● 法律上の「処理」と「処分」の定義、処理業者の役割について

みどりさんの
ワンポイント アドバイス！

産業廃棄物、一般廃棄物の定義は正しく理解できたかな？

会社から排出される廃棄物なのに、産業廃棄物と一般廃棄物に分かれてしまうのはなんだかおかしな話にも思えるなぁ～。でもどうして木くずや紙くずなどは業種が特定されているのですか？

そうね。やっぱりその特定された業種からの廃棄物が大量だからでしょうね。でも産業廃棄物として処理された方がよりリサイクルされるようだから、それでいいんじゃないかしら？

産業廃棄物と一般廃棄物のリサイクル率ってそんなに違うんですか？

環境省の環境白書（R3）のデータによると、中間処理の減量化によって少ないように見えてしまうけど、産業廃棄物の再生率が約52％なのに対して、一般廃棄物は約11％なのよ。

なるほど。それはいいことなんでしょうね。でも他にも排出事業者が誰であるかというのもあいまいな部分が多分にあって難しいな…。

そうね。建設工事に伴う建設廃棄物以外は、所有者や占有者が排出事業者とされているけど、下取りした廃製品の例外もあるし、排出事業者の解釈や運用に迷う部分が多いわよね。

あと、建設工事の定義が法律ではちゃんと決まっているのに、自治体での判断がマチマチというのもどこかで聞いたことがありますよ。

よく知っているわね。法律上の建設工事の定義は「建築物もしくは工作物の新築、解体工事」となっているけど、多くの自治体は建設業法の29業種の工事であれば建設工事と定義して運用しているわね。だから建物に関係する工事の受発注の契約が工事の請負契約になるか、ただの業務委託になるかで判断してもいいのかもね。

う～ん、難しい…。

まあ、そのあたりは実際に建設工事に該当するか否かを、発注の際に工事業者と話して決めておくといいんじゃない？　さあ、次はいよいよ廃棄物管理の実務を学んでいくわよ！

はい！　いよいよ実務の勉強ですね。よろしくお願いします。

第4章

廃棄物管理の実務（法的義務編）

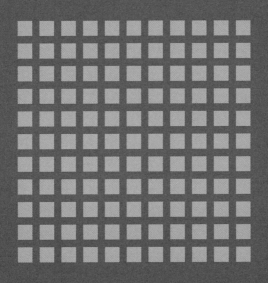

第 1章で見てきたように、廃棄物管理の業務は法律に基づいて行われます。そして第2章では、100％の信用が置けないながらも処理業者に委託せざる得ない現実があり、適正な管理には"四位一体"が重要であることを見てきました。この第4章では、法に基づいた廃棄物管理の実務とはどういうものかを具体的に見ていきます。

1. 処理業者への処理委託手順

まず処理委託の手順をつかんでおきましょう。事前準備、許可内容の確認、委託契約書の締結、マニフェスト交付という流れを確認します。

2. 実務に関する5つのポイント

詳しい実務の解説の前に、許可証、委託契約書、マニフェスト、廃棄物の保管、実地確認の全体的なポイントを理解しておきましょう。

3. 許可証

許可証のどこを確認すればよいのかを詳しく見ていきます。収集運搬業者、処分業者の許可証サンプルを例に、各項目の確認ポイントを押さえましょう。

4. 委託契約書

委託契約書について詳しく見ていきます。収集運搬業者、中間処理業者の契約書サンプルを例に、法定記載事項や各条文の注意点を確認しましょう。

5. マニフェスト

廃棄物を収集運搬業者に引き渡す際、もしくは、自社運搬して処分業者に持ち込みを行う際には、排出事業者は必ずマニフェストを交付しなければなりません。マニフェストの返送確認と各マニフェストのどこを照合して確認すればよいのかを解説します。

6. 廃棄物の保管

廃棄物の保管方法も廃棄物処理法で規定されています。主に保管場所を示す看板の掲示、高さ制限、廃棄物の飛散防止措置の3点を理解しておきましょう。

> ＊ここまでは廃棄物処理法の全般を説明する関係上、一般廃棄物についての概要も解説してきましたが、この章以降は、一部を除き産業廃棄物の管理に関する解説となります。

●法律で定められた廃棄物管理の実務

許可内容の確認

それぞれどこを
確認すればよい?

委託契約書の締結

法定記載事項での注意点は?
そのほか、何に気を付ければ
よいの?

マニフェストの交付
照合確認

どこをいつ確認する?

廃棄物の保管

何が必要?

実務での確認ポイントは?
注意点は? 大事なポイントは?
よくあるミスは何?
何年間の保存?

1 処理業者への処理委託手順

処理業者への処理委託の手順をまずは見ていきましょう。次のように、はじめに事前準備を行い、許可内容や自治体ごとのルールを確認後、処理業者の選定、実地確認、委託契約の締結、さらにマニフェスト交付という手順となります（実地確認は推奨事項）。

手順❶：事前準備

排出事業者の特定、廃棄物の種類、排出の荷姿、排出量などの情報を整理して事前準備を整えます（右表）。

手順❷：処理業者の許可内容の確認

処理業者（収集運搬業者、処分業者）が許可をもつ廃棄物の種類、処理区分、有効期間など、その許可内容を確認します（82ページ参照）。

手順❸：事前協議制・産廃税などの確認

都道府県をまたいで廃棄物を処理委託する場合など、処理業者がある地域の自治体に事前協議制度、産業廃棄物税などがあるかを確認します（資料編参照）。

手順❹：実地確認（監査）

この実地確認（監査）については法律では"努力義務"なので必須ではありませんが、リスクを最小化するためには実地確認を行い、その結果を記録することをおすすめします（第5章参照）。また、条例等で実地確認を義務づけている自治体も少なくはありません（資料編参照）。

手順❺：委託契約の締結

委託契約は処理委託前に締結します。また、この委託契約書のひな形は社内で作成することをおすすめします（102ページ参照）。

手順❻：廃棄物の搬出、マニフェストの交付

マニフェストA票に記入し、搬出の現場に立ち会ってマニフェストを交付します（128ページ参照）。

●事前準備（手順①）（事前の主な確認事項）

排出事業者の特定	・所有者、もしくは占有者か ・建設工事の場合、元請業者か
廃棄物の種類	・産業廃棄物か一般廃棄物か（特管含む） ・排出事業者は特定業種に該当するか
期間、量、荷姿	・年間の排出量、短期間か継続的か ・排出の荷姿（バラ、フレコン、コンテナなど）
処理方法	・最適な処理方法はどの処理か （焼却、破砕、肥料化、中和など）

●処理委託の手順（手順②〜⑥）

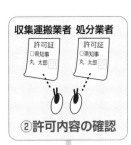

収集運搬業者　処分業者

許可証　　許可証
○県知事　○県知事
丸 太郎　丸 太郎

②許可内容の確認

マニフェスト

⑥廃棄物搬出
マニフェスト交付

排出事業者

自治体ごとの
条例にもなっている
両規定が
あるかどうか

③事前協議制、
産廃税などの確認

委託契約書　委託契約書

収集運搬業者　処分業者

⑤委託契約の締結

監査

④実地確認

2 実務に関する5つのポイント

詳細解説の前に、廃棄物管理の実務の主なポイントを簡単に見ていきましょう。

❶許可内容の確認

処理業者へ処理委託するにあたっては、その処理業者の許可内容を確認します。主な確認のポイントは次のとおりです。

収集運搬業者	・排出場所と運搬先の産業廃棄物収集運搬業許可 ・その許可範囲に、委託する廃棄物の種類が含まれていること
処分業者	・産業廃棄物処分業許可の許可範囲と処理設備 ・委託する廃棄物を適切に処理できる施設か

❷委託契約の締結

委託契約は、排出事業者と、収集運搬業者及び中間処理業者とそれぞれ2者間で締結し、その委託契約書には、それぞれの業者の許可証のコピーを添付することが必要になります。

❸マニフェストの交付、照合確認

廃棄物を収集運搬業者に引き渡す際、もしくは、自社運搬して処分業者に持ち込みを行う際には、排出事業者は必ずマニフェストを交付しなければなりません。

また、マニフェストのB2票、D票、E票などが収集運搬業者、処分業者から返送されてきたかを確認し、その内容の照合確認を行います。

❹廃棄物の保管

廃棄物の保管方法も廃棄物処理法で規定されています。主には、保管場所を示す看板を掲示すること、高さ制限、廃棄物の飛散防止措置の3点があります。

❺処理業者への実地確認

処理業者への実地確認（監査）は、条例で規定されている場合を除き、法的には努力義務なので必須ではないですが、リスクを最小化するためのよい手段です（第5章参照）。

●実務に関する5つのポイント

①許可内容の確認

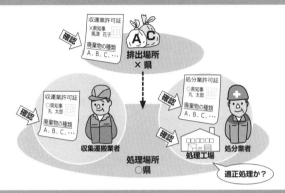

②契約の締結：排出事業者は、収集運搬業者、中間処理業者とそれぞれ2者間で契約締結

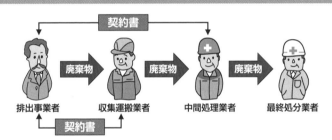

③マニフェストの交付、照合確認

④廃棄物の保管

⑤実地確認（監査）

3 許可証

廃棄物管理の"四位一体"のひとつ「許可証」について見ていきます。その適切な運用方法の説明から、ひな形を例に確認ポイントを解説します。

❶許可内容の確認

委託する産業廃棄物の内容を明確にするための事前準備が整ったら、委託する処理業者の許可証から許可内容を確認します。もし許可内容を未確認のまま委託してしまうと、最悪のケースとして無許可業者への委託ということにもなりかねませんので、この確認はとても重要です。

❷許可の種類

右表のように、一般廃棄物と産業廃棄物、収集運搬業と処分業、さらに特別管理廃棄物かどうかで許可証がそれぞれ異なり、許可権者もそれぞれ異なります。

許可証の書面例

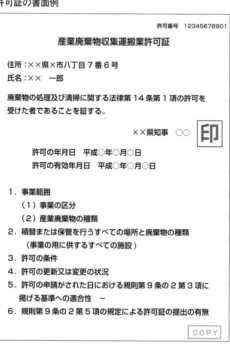

許可番号　12345678901

産業廃棄物収集運搬業許可証

住所：××県×市八丁目7番6号

氏名：×× 一郎

廃棄物の処理及び清掃に関する法律第14条第1項の許可を
受けた者であることを証する。

××県知事　○○　　印

許可の年月日　平成○年○月○日
許可の有効年月日　平成○年○月○日

1. 事業範囲
　（1）事業の区分
　（2）産業廃棄物の種類
2. 積替または保管を行うすべての場所と廃棄物の種類
　　（事業の用に供するすべての施設）
3. 許可の条件
4. 許可の更新又は変更の状況
5. 許可の申請がされた日における規則第9条の2第3項に
　　掲げる基準への適合性　　－
6. 規則第9条の2第5項の規定による許可証の提出の有無

COPY

●許可の種類（収集運搬業者、処分業者）

廃棄物の区分	廃棄物処理業の許可の種類	許可権者
（特別管理）一般廃棄物	（特別管理）一般廃棄物収集運搬業	市町村
	（特別管理）一般廃棄物処分業	
（特別管理）産業廃棄物	（特別管理）産業廃棄物収集運搬業	原則、都道府県（一部、政令市等）
	（特別管理）産業廃棄物処分業	都道府県及び政令市等

●許可の種類（収集運搬業者、処分業者）

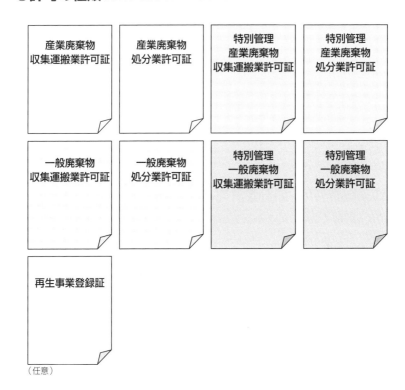

産業廃棄物
収集運搬業許可証

産業廃棄物
処分業許可証

特別管理
産業廃棄物
収集運搬業許可証

特別管理
産業廃棄物
処分業許可証

一般廃棄物
収集運搬業許可証

一般廃棄物
処分業許可証

特別管理
一般廃棄物
収集運搬業許可証

特別管理
一般廃棄物
処分業許可証

再生事業登録証

（任意）

3 許可証

❸ 適切な処理ができる処理業者かどうかを判断

　次に、廃棄物を適切に処理できる処理業者なのかどうかを確認します。確認ポイントは右表のとおり、取り扱うことができる廃棄物の種類やどのような処理ができるのかをチェックします。

　処理区分について詳しく解説すると、例えば、「中和」に不向きな廃液については「焼却」を選択し、「溶融」が向いていない廃プラスチックについては「破砕」を選択するなど、委託する廃棄物にはどの処理方法が適しているのか、というところが「適切な処理方法の選択」になります。

　参考までに処理方法の一例を以下に紹介します（これは一例ですので、他の処理方法もあります）。

廃棄物の種類	処理方法（例）	処分方法
金属くず	破砕、切断	再生
廃プラスチック類	溶融、焼却	再生、埋立
汚泥	脱水、セメント原料化	再生
動植物性残さ	肥料化、発酵	再生
燃え殻	スラグ化、埋立	再生、埋立

❹ 収集運搬業許可、処分業許可と施設の設置許可

　これまで説明してきた許可内容の確認は、収集運搬業許可、処分業許可のことで、これは「業の許可」もしくは「14条許可」とも呼ばれています。また、廃棄物処理法で定められた一定規模の処理設備及び最終処分場については、この業の許可とは別に「施設設置許可」が必要であり、「15条許可」とも呼ばれています。

　皆さんがよく目にする収集運搬もしくは処分を行うにあたっての許可証は、前者の業の許可のことを指します。業の許可と施設設置許可では有効期限についても異なります（右表）。

●適切な処理業者に処理委託

排出事業者 確認事項		収集運搬・処分業者	
事業区分による産業廃棄物か 特別管理産業廃棄物かの判断	委託先の事業範囲を確認	事業区分	（特別管理）産業廃棄物収集運搬業 →積替保管の有無含む （特別管理）産業廃棄物処分業 →以下の処理区分
委託する産業廃棄物の種類		取り扱う産廃の種類	産業廃棄物 →20分類（53ページ参照） 特別管理産業廃棄物 →55ページ参照
処理の方法		処理区分	焼却、乾燥、破砕、圧縮、脱水、中和、埋立、など

（事業範囲（許可範囲））

●業の許可と施設の設置許可

許可の種類	通称	有効期限
収集運搬業許可	業の許可、もしくは14条許可	あり
処分業許可		
施設の設置許可	施設設置許可、もしくは15条許可	なし

※14条許可、15条許可とは、廃棄物処理法の第14条、第15条で規定されているため、この通称で呼ばれている。

3 許可証

❺処分業の許可権者

　次に許可証の許可権者が"誰か"を確認します。処分業の許可権者は右表（上）のとおりです。

　例えば、千葉県松戸市内にある処分業者の許可はどこの許可権者が出すのでしょうか？　答えは千葉県です。千葉県内の許可権者は、千葉県、千葉市、船橋市、柏市の4つの自治体が許可権者となります。千葉市、船橋市、柏市の市内の処分業者に対する許可証はこれらの自治体が発行します。それ以外の市町村内の処分業者については、千葉県がその許可証を発行することになります。

　2021年4月現在では許可権者は129あります。中核市などへの移行を目指している市は多いため、今後も許可権者は増えていく予定です。

❻収集運搬業の許可権者

　収集運搬業の許可権者は右表（下）のとおりです。

　処分業とは異なり、原則的に都道府県が許可権者となります（平成23年4月の法改正以降）。ただし、積替保管を有する場合や、その一つの市のみでの収集運搬が行われる場合は、処分業者と同じく政令市も許可権者となります。

みどりさんの「許可権者」クイズ

Q：次のように排出事業者から積替保管を経由して、処分業者へ搬入される場合、収集運搬業者、処分業者が必要となる許可証の許可権者は、それぞれどこの自治体でしょうか？（排出事業者はどこの許可証を確認しなければならないでしょうか？）
●排出事業場：神奈川県川崎市内の製造工場
●積替保管：埼玉県さいたま市内の収集運搬業者の積替保管置場
●処分工場：千葉県柏市の中間処理場

A：収集運搬業者　（神奈川県）（さいたま市）（千葉県）
　　処分業者　（柏市）

排出事業場	神奈川県川崎市
積替保管	埼玉県さいたま市
処分工場	千葉県柏市

●処分業の許可権者

2021.4.1 現在

都道府県（47）				政令で指定する市						
				政令指定都市（20）		中核市（62）				
北海道	新潟県	奈良県	熊本県	札幌市	神戸市	函館市	川越市	豊橋市	明石市	長崎市
青森県	富山県	和歌山県	大分県	仙台市	岡山市	旭川市	川口市	岡崎市	西宮市	佐世保市
岩手県	石川県	鳥取県	宮崎県	さいたま市	広島市	青森市	越谷市	一宮市	奈良市	大分市
宮城県	福井県	島根県	鹿児島県	千葉市	北九州市	八戸市	船橋市	豊田市	和歌山市	宮崎市
秋田県	山梨県	岡山県	沖縄県	横浜市	福岡市	盛岡市	柏市	大津市	鳥取市	鹿児島市
山形県	長野県	広島県	—	川崎市	熊本市	秋田市	八王子市	豊中市	松江市	那覇市
福島県	岐阜県	山口県	—	相模原市	—	山形市	横須賀市	吹田市	倉敷市	
茨城県	静岡県	徳島県	—	新潟市	—	福島市	富山市	高槻市	呉市	
栃木県	愛知県	香川県	—	静岡市	—	郡山市	金沢市	枚方市	福山市	
群馬県	三重県	愛媛県	—	浜松市	—	いわき市	福井市	八尾市	下関市	
埼玉県	滋賀県	高知県	—	名古屋市	—	水戸市	甲府市	寝屋川市	高松市	
千葉県	京都府	福岡県	—	京都市	—	宇都宮市	長野市	東大阪市	松山市	
東京都	大阪府	佐賀県	—	大阪市	—	前橋市	松本市	姫路市	高知市	
神奈川県	兵庫県	長崎県	—	堺市		高崎市	岐阜市	尼崎市	久留米市	

●収集運搬業の許可権者

2021.4.1 現在

原則			
都道府県（47）			
北海道	岐阜県	大阪府	福岡県
青森県	静岡県	兵庫県	佐賀県
岩手県	愛知県	奈良県	長崎県
宮城県	茨城県	和歌山県	熊本県
秋田県	栃木県	鳥取県	大分県
山形県	群馬県	島根県	宮崎県
福島県	埼玉県	岡山県	鹿児島県
新潟県	千葉県	広島県	沖縄県
富山県	東京都	山口県	—
石川県	神奈川県	徳島県	—
福井県	三重県	香川県	—
山梨県	滋賀県	愛媛県	—
長野県	京都府	高知県	—

例外	
下記の例外に該当する者には、政令市等が許可権者となる。	
1）一つの政令市等のみで業を行う者	例えば、埼玉県内のさいたま市内のみで業を行う者は、これに該当し、さいたま市の許可証となる。
2）政令市等内で積替保管施設を有する者	政令市等で積替保管施設を有する場合は、その政令市等の許可が必要となる。例えば、埼玉県川越市内に積替保管施設がある場合には、川越市の許可証となる。

収集運搬業の許可権者は、原則的に都道府県なので注意!（平成23年4月から変更）

❼ 通過する都道府県の許可は不要

前述のように、収集運搬に関しては基本的に47都道府県が許可権者となりますが、これは積込地、荷降ろし地の都道府県となり、通過する都道府県の許可は不要となります。ここは押さえておいてください。

❽ 廃棄物の種類の確認

まず理解しておいて欲しいのは、ある収集運搬業者がもつすべての許可証に記されている廃棄物の種類は同一とは限らない、ということです。つまり右図（上）の例でいうと、A県とD県それぞれから発行された許可証では、記載される廃棄物の種類が異なることがあり得るということです。

その理由は、自治体が許可する許可内容は、収集運搬業者の申請どおりに認められるわけではないからです。排出を予定している排出事業者もしくは処分業者が申請時に示されていないと、自治体は許可を出してくれません。つまり、申請時に予定されていた廃棄物の種類が許可証に記されますので、自治体ごとに廃棄物の種類が異なることもあるわけです。

よって、すべての許可証の廃棄物の種類は同一とは限りませんので、委託する廃棄物の種類が許可内容に含まれているかを必ず確認しておいてください。

❾ 有効期限の確認

基本的には許可の有効期限は5年間です（優良マーク（後述）のある場合には7年間の有効期限）。

この有効期限についても、前述のように収集運搬業者の許可証すべてが同じタイミングで期限を迎えるとは限りません。なぜなら、収集運搬業者が自治体ごとに申請するタイミングが異なれば、必然的に有効期限も異なるからです。

●通過する都道府県の許可は不要

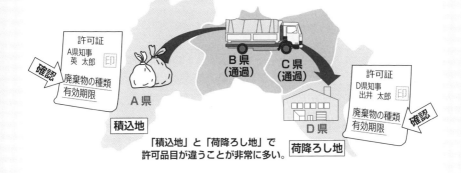

この場合には、A県とD県の収集運搬業の許可が必要ということになる

通過するだけのB県、C県の許可は不要

●処分業者の許可証

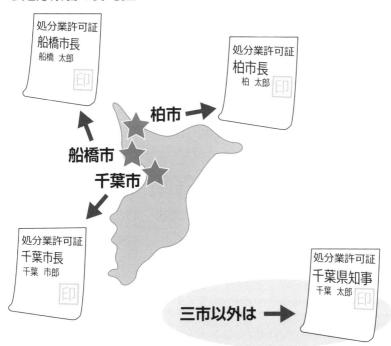

---

❶ 許可番号 01234567890

❷ **産業廃棄物収集運搬業許可証**

❸

住所　○○県○○市３丁目２番１号
氏名　株式会社○○産業
　　　　代表取締役　○○太郎

廃棄物の処理及び清掃に関する法律第14条第１項の許可を受けた者であること
を証する。

❹ ○○県知事

❺ ○○県知事　○○花子

❻ 許可の年月日　平成×年×月×日
許可の有効年月日　平成×年×月×日 ❶

1．事業範囲

（1）事業の区分

❼ 収集・運搬（積替・保管を含む）

（2）産業廃棄物の種類

❽ ア　収集・運搬（ただし、積替・保管を除く）に係るもの
（ア）廃油、（イ）廃酸、（ウ）廃アルカリ、（エ）繊維くず、
（オ）ゴムくず、（カ）ばいじん、（キ）・・・・
（これらのうち特別管理産業廃棄物であるものを除く）
イ　収集・運搬（ただし、積替・保管を含む）に係るもの
（ア）燃え殻、（イ）汚泥、（ウ）廃プラスチック類（水銀使用製品
産業廃棄物を除く）、（エ）紙くず、（オ）木くず、（カ）・・・・、
（キ）・・・・　（これらのうち特別管理産業廃棄物を除く）

2．積替または保管を行う全ての場所の所在地及び面積並びに当該場所ごとに
それぞれ積替又は保管を行う産業廃棄物の種類
許可証別紙の通り

3．許可の条件

（1）積替・保管は2．に記載する施設で行うこと

❾ （2）他の収集・運搬業者の搬入は、認めないこと。また、搬出に際しても
自らが行うこと

❿ （3）1．（2）イに揚げる廃棄物のうち○○及び○○に限り、保管高は○○
メートル以下とすること ❷

（4）1．（2）イに揚げる廃棄物のうち○○及び○○を除いたものに限り・・・

4．許可の更新又は変更の状況
平成×年×月×日更新許可
平成×年×月×日更新許可

5．許可の申請がされた日における規則第９条の２第３項に揚げる基準への
適合性　－

6．規則第９条の２第５項の規定による許可証の提出の有無　　無

確認ポイント
❶ 委託契約書に記載の許可番号との整合確認。
❷ 産業廃棄物か、特別管理産業廃棄物か、さらにその収集運搬業の許可であるかを確認。
❸ 正式名称、所在地が委託契約書と同一かを確認。
❹ 許可証発行者の押印があるかを確認。
❺ 収集運搬を行う地域の自治体の許可証であるかをここで確認。 （積込地、荷降ろし地の許可証）
❻ 有効期限を迎えていないかを確認。 注意❶：許可の有効期限が残り2か月以内の場合、業者から更新申請にかかる申請書（自治体の受領印があるもの）の写しを入手しておく（多くの自治体では、許可更新申請を2か月前から受け付けているため）。
❼ ・積替保管の有無を確認。 ・積替保管がある場合、委託契約書に積保を認めるかどうかを確認し、その実態も確認。
❽ 委託する廃棄物の種類が許可品目に含まれているかを確認。例えば、水銀使用製品産業廃棄物を委託する場合は、この廃棄物の種類の欄にその旨が記載されているかを確認。
❾ 積替保管ありの場合、処分業者と同様に実地確認をすることが望まれる。
❿ 保管高の制限が実際に守られているか、現地訪問で確認。 注意❷：制限や許可条件が付与されていることがあるので、その内容に注意する。

平成23年の法改正で、「優良産廃処理業者」に認定された場合、許可証の右上に「優良」マークが付されることになった。優良認定された場合は、許可の有効期間が7年間となる（通常の有効期間は5年間）。

 ➡コラム⓬参照

許可番号 01234567890

許可証別紙

積替え又は保管を行うすべての場所の所在地及び面積並びに当該場所ごとに
それぞれ積替え又は保管を行う産業廃棄物の種類

（1）

施設の種類	積替・保管場所の面積	最大保管量	数量	施設の所在地
燃え殻	58 ㎡	120 ㎡	1	
汚泥	170 ㎡	310 ㎡	1	
⑪ 廃プラスチック類	105 ㎡	170 ㎡ ⑫	1	○○県○○市
紙くず	42 ㎡	50 ㎡ ❸	1	321 番地 456
木くず	20 ㎡	23 ㎡	1	
・・・・	27 ㎡	30 ㎡	1	
・・・・	39 ㎡	52 ㎡	1	

（2）当該施設で行う積替・保管は、1.（2）イに記載する産業廃棄物の種類
　　のみとすること

以下余白

	確認ポイント
⑪	委託した廃棄物が積替保管経由の場合、この品目に含まれているかを確認。
⑫	・この保管場所の最大保管量など許容範囲が少なすぎないかを確認。 ・実地確認（監査）の際には、保管量などを実際に目で見て確認。

注意 ❸	委託する廃棄物の1回当たりの委託量が最大保管量の値に近い場合は、委託したらすぐに最大保管量を超えてしまう可能性があるので、その際は委託の可否を検討する必要がある。

◉収集運搬における積替保管数量の上限

収集運搬における積替保管数量の上限は次のとおりです。

・保管上限＝1日当たりの平均搬出量×7

❶ 許可番号　01236547890

❷ 産業廃棄物処分業許可証

❸
住所	○○県○○市３丁目２番１号
氏名	株式会社○○産業
	代表取締役　○○太郎

廃棄物の処理及び清掃に関する法律第14条第１項の許可を受けた者であることを証する。

❺ ○○県知事　○○花子　　**❹** ○○県知事

❻ 許可の年月日　平成×年×月×日　**❶**
許可の有効年月日　平成×年×月×日

１．事業範囲

（１）事業の区分

❼ 破砕による中間処理

（２）産業廃棄物の種類

❽ がれき類
※「石綿含有産業廃棄物を含む」の記載のない種類については、石綿含有廃棄物を処分できない。

２．事業のように供するすべての施設
　　許可証別紙の通り

３．許可の条件

❾ （１）産業廃棄物の処理は、２に揚げる施設で行い、処理能力を超えて行わないこと
（２）産業廃棄物の保管は、２に揚げる設置場所で行い、保管量を超えて行わないこと　**❷**

４．許可の更新又は変更の状況
　　平成×年×月×日新規許可
　　平成×年×月×日更新許可
　　平成×年×月×日更新届（保管場の変更）

５．規則第10条の４第５項の規定による許可証の提出の有無　　有・無

確認ポイント	
❶	委託契約書に記載の許可番号との整合確認。
❷	産業廃棄物か、特別管理産業廃棄物か、さらにその処分業の許可であるかを確認。
❸	正式名称、所在地が委託契約書と同一かを確認。
❹	許可証発行者の押印があるかを確認。
❺	処分場が存在する自治体の許可証であるかをここで確認。
❻	有効期限を迎えていないかを確認。 注意❶：許可の有効期限が残り2か月以内の場合、業者から更新申請にかかる申請書（自治体の受領印があるもの）の写しを入手しておく（多くの自治体では、許可更新申請を2か月前から受け付けているため）。
❼	・委託する廃棄物の種類が適正に処理できる処理方法かを確認。 ・委託契約書に記載されている処理方法と一致しているかを確認。
❽	委託する廃棄物の種類が許可品目に含まれているかを確認。例えば、水銀使用製品産業廃棄物を委託する場合は、この廃棄物の種類の欄にその旨が記載されているかを確認。
❾	処理能力の範囲に制限があるのかなど、その他の条件を確認。 注意❷：制限や許可条件が付与されていることがあるので、その内容に注意する。

許可番号　01236547890

許可証別紙

事業の用に供するすべての施設

施設の種類 （許可年月日及び許可番号）	処理能力又は保管量 （設置年月日）	数量	設置場所
❿ がれき類の破砕施設 （平成 × 年 × 月 × 日、 　　　　　　第○○○○号）	⓫ 150t ／日 （平成 × 年 × 月 × 日）	1	
がれき類の保管場	240 ㎡ 740 ㎡	1	
破砕後物の保管場	62 ㎡ 30 ㎡ 60 ㎡　⓬ 35 ㎡ 160 ㎡ 170 ㎡	1	○○県○○市 ○○990
残さ物の保管場	10 ㎡ 2.7 ㎡ ❸	1	

以下余白

	確認ポイント
⑩	委託する廃棄物の処理設備が許可証に記載されているかを確認。
⑪	委託する廃棄物を処理できる能力を有しているかを確認。
⑫	保管場所の面積、最大保管量が守られているかを現地訪問で確認。

注意 ❸	最大保管量が委託する廃棄物の一回の量と大差がない場合は、この最大保管量を超えてしまう可能性があるので注意が必要。

◉中間処理における保管数量の上限

<基本>　保管上限（基本数量）＝処理能力×14日分

<例外>

廃棄物の種類		最大保管量	備考
建設業（工作物の新築、改築、除去）に係るもの	木くず、コンクリートの破片	処理能力×28日分	分別されたものであって、再生を行う処理施設において再生のために保管する場合に限る
	アスファルト・コンクリートの破片	処理能力×70日分	

※その他にもメンテナンスなどの定期点検においては、処理能力の60日間まで認められるなどの特例もあります。

コラム 12 優良な産廃処理業者を認定する制度

❶ 優良産廃処理業者認定制度

　この制度は、優良な産業廃棄物処理業者を法律に基づいて許可権者が認定し、認定を受けた者の許可の有効期間が 7 年間（通常の有効期間は 5 年間）になるほか、排出事業者が優良業者に産業廃棄物の処理を委託しやすい環境を整備することにより、産業廃棄物の適正な処理を進めることを目的としています。

　次の評価基準5つの条件を満たしている処理業者に対して認定され、許可証の右上に優良マークが付されます。

- 評価基準の設定：国
- 評価の実施主体：都道府県、政令市等の許可権者
- 評価基準：
  - ①5年以上の処理実績と、行政処分などを受けていないこと
  - ②ISO14001、エコアクション 21 などへの環境の取り組み
  - ③財務体質の健全性（自己資本比率 10％以上）
  - ④電子マニフェストの加入
  - ⑤インターネットによる処理実績などの情報公開

❷ 優良マークの意味

　この優良マークは、評価基準5つの条件を満たすと優良マークが付されるだけで、国や自治体がこの処理業者に対して太鼓判を押しているわけではありませんので、そこは誤解のないようにしましょう。処理業者選定の判断材料のひとつとして参考にするとよいと思います。

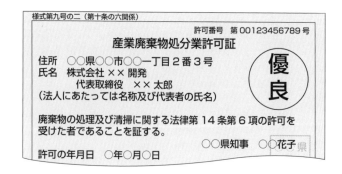

❸ 自治体独自の優良認定評価制度

平成23年4月の法改正で、前述の優良認定産廃処理業者が法律で規定されましたが、それ以前は各自治体で優良性評価制度が運用されていました。

この法改正時に各自治体の優良性評価制度は失効し、優良産廃処理業者認定制度に移行されましたが、以下の東京都、岩手県、徳島県においては、引き続き独自の優良評価制度が運用されています。

◉ 東京都：「産廃エキスパート」、「産廃プロフェッショナル」認定制度

産業廃棄物処理業者の任意の申請に基づき、適正処理、資源化及び環境に与える負荷の少ない取組を行っている優良な業者を、第三者評価機関として都が指定した公益財団法人東京都環境公社が評価・認定する制度です。

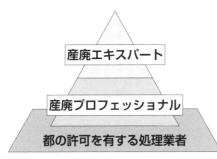

1. 産廃エキスパート：
   ➡ 業界のトップランナー的業者
2. 産廃プロフェッショナル：
   ➡ 業界の中核的役割を担う優良業者

◉ 岩手県：産業廃棄物処理業者の格付け制度

産業廃棄物処理業者の任意の申請に基づき、適正処理、環境への先進的な取組等を行っている優良な業者を、県が指定した岩手県産業廃棄物処理業者育成センターが3段階のランクで認定（格付け）し、県民に公表する制度です。

◉ 徳島県：優良産業廃棄物処理業者認定制度

高い遵法意識をもって適切な処理を行い、地球温暖化などの環境問題にも積極的に取り組む優良な産業廃棄物処理業者を優良業者として認定する制度です。

❶許可証の偽造に注意!

　最近の傾向として、許可証の偽造が増えています（偽造で一番多いのは、過去の許可証の有効期間の「○年」の数字を切り張りして偽造するケースです）。

　その偽造の多くは収集運搬業者と思われますが、もし排出事業者が偽造に巻き込まれてしまった場合、どうなるでしょうか？　その排出事業者は「被害者」ですから、無許可業者への処理委託にはならないと思うでしょう。

　しかし、いくら被害者だったとしても無許可業者へ処理委託となってしまう可能性が実はとても高いのです。実際、過去に偽造の許可証に騙された排出事業者が無許可業者への処理委託となり、その社員が書類送検されたことがありました。

　偽造する背景には許可の更新ができないなどの理由が考えられますが、その多くは以下のどちらかの可能性が高いものと推測されます。

- ● 許可を取り消された
- ● 更新申請をし忘れ、許可の有効期間が切れていた

このような偽造に騙されないために、

- ● 少しでも怪しいと思ったら原本を確認する
- ● 自治体に許可の有無を確認する
- ● 監査の際に原本を確認をする
- ● 原本の確認が無理な場合、その原本を撮影した画像を確認する

などの予防策をとることをおすすめします。

❷処理業者の許可の更新

収集運搬業者及び処分業者の許可証の許可には有効期限があります。基本的には5年間（優良認定産廃業者は7年間）の有効期間ですので、排出事業者としてはその許可が更新されているかを確認する必要があります（もし未更新の場合、その処理業者は無許可業者となります）。

さて、有効期間の更新をすると新しい許可証はいつ届くのでしょうか？　そのほとんどがすぐには届かず、更新時期を迎えてから2週間～1か月以上も遅れて届きます。場合によっては半年以上も遅れて届くということも実際にあります。

ここで問題です。排出事業者としては、期限が切れた許可証が手元にあるだけの状況が当分の間続きますが、何もしないでよいのでしょうか？

その答えとして、排出事業者は処理業者が更新申請した申請書に自治体の受理印が押印されたものの写しを入手する、という対応をおすすめします。

❸更新申請書の写しの要求

自治体によって異なりますが、更新申請手続きは2か月前から受け付けていることが多いので、許可の更新時期を迎える1か月前には受理印が押された申請書の写しを処理業者に要求してもよいかもしれません。

4 委託契約書

次に廃棄物管理の"四位一体"のふたつ目「委託契約書」について解説します。まずは、委託契約締結に関する次のポイントを見ていきます。

❶ 書面での契約締結

廃棄物処理法では、「委託契約は書面で行うこと」[*1]と定められています。したがって、基本的には書面での契約締結となりますが、実は電子契約[*2]も可能です。通称「e-文書法」という法律で廃棄物に関する契約が可能であると定められていますので、電子契約でも締結はできます。

書面契約	書面で契約締結
契約締結	収集運搬業者、処分業者のそれぞれと1対1で契約
記載事項	記載内容は、廃棄物処理法で定める記載内容
添付書類	許可証を必ず添付
収入印紙	収入印紙の貼り付け
5年保存	契約終了から5年間委託契約書を保存

❷ 1対1の契約

排出事業者は、収集運搬業者と処分業者のそれぞれと1対1で契約[*3]をしなければなりません。排出事業者と収集運搬業者と処分業者との"3者契約"は禁止されていますのでご注意ください（注釈[*3]の「それぞれ」という条文により1対1の契約締結と解されています）。

---

*1 **書面による委託契約**：「委託契約は、書面により行い、当該委託契約書には、次に掲げる事項についての条項が含まれ、かつ、環境省令で定める書面が添付されていること。」（法施行令第6条の2第4号）

*2 **電子契約**：電子署名法（平成12年5月）、IT書面一括法（平成12年11月）などの成立を受けて電子契約の普及が進められてきた。平成17年4月のe-文書法の施行に合わせて公布された環境省令（環境省の所管する法令に係る民間事業者等が行う書面の保存等における情報通信の技術の利用に関する法律施行規則）によって、電子契約が認められている。

*3 **1対1の契約**：「事業者は、その産業廃棄物の運搬又は処分を他人に委託する場合には、…環境省令で定める者にそれぞれ委託しなければならない。」（法第12条第5項（抜粋））

◉契約締結の6つのポイント

◉書面での契約

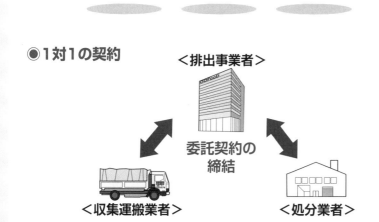

◉1対1の契約

<排出事業者>

委託契約の締結

<収集運搬業者>　<処分業者>

4 委託契約書

❸委託契約書の記載事項

　廃棄物処理法では、委託契約書に記載すべき事項を定めています*¹。したがって、記載すべき事項が明記されていないと契約書の不備となり、罰則の適用を受ける可能性があります。

　右表の上段は、収集運搬契約、処分契約に共通して記載すべき事項、中段は収集運搬契約のみに記載すべき事項、下段は処分契約のみに記載すべき事項となります。

●委託契約書の落としがちな事項

　また、次はよく"抜け"や"漏れ"のある事項ですので、委託契約書を作成する際は注意しておきましょう。

共通	数量	数量、処理費ともに、「廃棄物の品目によって異なるから」という理由でよく"抜け"がある
	処理料金	
収集運搬	最終目的地	契約後に中間処理業者の追加などをする際に、この中間処理業者（運搬の最終目的地）の追加の"漏れ"がある
処分	最終処分先	廃棄物の品目の追加などをする際に、最終処分先の追加の"漏れ"がある

●法定記載事項以外の条項

　上記は法律で定められている必要事項ですが、この記載事項以外にも処理業者に義務づけたい条項を入れてもよいでしょう。筆者がおすすめする記載事項は次の4つです。

共通	財務諸表の提出	赤字により不適正処理される可能性があるかどうかを見極めるため
	処理業者の監査対応	監査に協力することなど
収集運搬	積替保管施設での作業制限	選別のみ認めるなど
処分	最終処分先への監査状況の確認	最終処分先に対する監査の状況などを開示することなど

---

*¹ **委託契約書の記載事項**：「委託契約は、書面により行い、当該委託契約書には、次に掲げる事項についての条項が含まれ、かつ、環境省令で定める書面が添付されていること。
　イ　委託する産業廃棄物の種類及び数量
　ロ　産業廃棄物の運搬を委託するときは、運搬の最終目的地の所在地（以下略）」
（法施行令第6条の2第4号（及び規則第8条の4の1及び4の2））

●委託契約書の法定記載事項

共通（収集運搬、処分）

項目	法定記載事項	具体例
事業範囲	処理業者の事業範囲	許可範囲、廃棄物の種類などの許可内容
委託内容	廃棄物の種類、数量	金属くず、廃プラなど、○t
	処理費	○円／kg
廃棄物の情報提供	廃棄物の性状、荷姿	固形状、フレコン、バラなど
	腐敗等の性状の変化	腐敗、揮発など
	廃棄物の混合等による支障	水分を含むと発熱するので注意
	JIS C 0950 含有マークの有無	（含有マークある場合のみの記載事項）含有マーク表示あり
	石綿含有廃棄物、水銀廃棄物の情報	石綿を含む、水銀使用製品産業廃棄物を含むなど
	その他注意すべき事項	強い引火性があり、静電気に注意など
変更情報	変更の際の伝達方法	（上記廃棄物の情報に変更があった場合）書面もしくはメールで伝達
報告	処理終了時の報告方法	マニフェストB2票、D票、E票で報告など
解約時	解約時の廃棄物の取扱い	契約解約時の処理責任がどちらか
有効期間	処理委託契約の期間	平成○年○月○日～平成○年○月○日まで

収集運搬のみ

項目	法定記載事項	具体例
運搬先	運搬の最終目的地の所在地	運搬先の処分業者、所在地
積替保管	積替保管の場所の所在地、保管できる産業廃棄物の種類、保管上限	（積替保管ある場合のみの記載事項）積保施設の所在地、廃棄物の種類、保管上限○m³
	（安定型産廃の場合）他の廃棄物と混合することの許否等	許可・不許可など

処分のみ

項目	法定記載事項	具体例
処分情報	処分（再生）の場所の所在地、処分（再生）方法及び処理能力	処理施設の所在地、再生（再資源化）など、○t／日など
最終処分情報	最終処分の場所の所在地、最終処分方法及び処理能力	最終処分施設の所在地、再生（再資源化）、埋立など、容量○m³ など
輸入廃棄	輸入廃棄物の場合の情報	（輸入廃棄物の場合）その旨

4 委託契約書

❹ 委託契約書には許可証を添付

　委託契約書に収集運搬、処分の許可証を添付することが法律で定められています[*1]ので、許可証の添付は必須となります（再生事業者登録証もあれば同じく必須）。

　また、もし処理業者が以下の証書などをもっているのであれば、その書類も添付してもらいましょう。

- ● ISO14001もしくはエコアクション21の認証書
- ● 優良性評価認定証　など

❺ 許可の有効期限の管理

　許可証には有効期間があります。その期間は5年間（優良認定事業者は7年間）ですので、処理業者が許可の更新をしないと許可が失効することになります。失効したままで処理委託し続ければ、無許可業者への処理委託となってしまいます。

　したがって、処理業者の許可の有効期限をExcelなどで管理することをおすすめします。できれば期限が近づくと"フラグ"が自動的に立つように設定しておくとなおよいと思います。

　そこまでの管理ができない場合は、年に1回はすべての許可証の有効期限を確認するとよいでしょう。

❻ 委託契約書の保存

　委託契約書は、法律で「契約終了から5年間保存」することが義務づけられています[*2]。したがって、契約を終了しない限りは永久的に保管しなければならないことになりますので、注意が必要です。もし、ある処理業者と今後取引をしないのであれば、契約終了の覚書を取り交わしておきましょう。

　しかし一方で、もし可能であれば、半永久的に保管することもおすすめします。なぜなら、不測の事態がいつ起こるとも限りません。そのときに委託契約書は排出事業者責任を全うしているという証拠にもなりますので、保管スペースなどがあれば半永久的に保管しておいてもよいと思います。

[*1]　**委託契約書に許可証添付**：「委託契約書に添付すべき書面は、…に規定する許可証の写し、…に規定する認定証の写し…（以下略）」（法施行規則第8条の4）

[*2]　**委託契約書の保存義務**：「契約書及び契約書に添付された書類を契約終了日から5年間保存すること。」（法施行令第6条の2第5号、法施行規則第8条の4の3）

●委託契約書に許可証や証書を添付

●許可の有効期限の管理

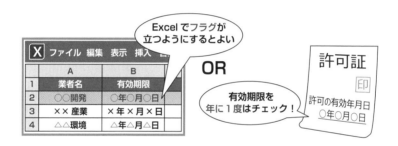

●委託契約書の保存

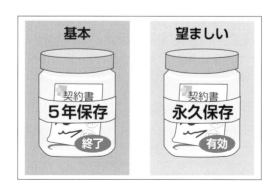

4 委託契約書

❼収入印紙の貼り付け

　委託契約書には、印紙税法で収入印紙を貼り付けることが定められています。この印紙額等については、所轄税務署の判断となりますので、このページはあくまでも「参考まで」という位置づけで見てください。

　収集運搬契約や処分契約は、印紙税法で規定する1号文書もしくは2号文書もしくは7号文書のどれかの文書となるでしょう。

　一般的には収集運搬契約が1号文書、処分契約が2号文書と判断する会社が多いと思います。また、処理委託契約の中身は7号文書に該当するように思えるので7号文書と判断するケースも見られますが、以下のように『印紙の手引き』に明記されていますので、これにより1号文書、もしくは2号文書となるでしょう。

　この意味は、対象の文書が1号文書もしくは2号文書、さらに7号文書となる内容が混在する場合には、1号文書もしくは2号文書の方が優先される、ということを示すものです。

　また、収集運搬及び処分の両方を委託する委託契約書の場合、1号文書、2号文書のどちらかになるのかというと、それは契約金額の高い方の文書となります（右図）。

1号文書 ＜＞ 2号文書 → 金額の大きい方

　具体的には、収集運搬料金の合計（収運単価×総量）の金額、処分料金の合計（処分単価×総量）の金額をそれぞれ計算し、どちらが高いかで1号文書、2号文書になるかが決まります。（国税庁発行『印紙税の手引』より）

※ただし、繰り返しになりますが、この印紙の判断はあくまでも所轄税務署となりますので、実際の運用ではその判断に従ってください。

◉印紙税法における委託契約書の文書

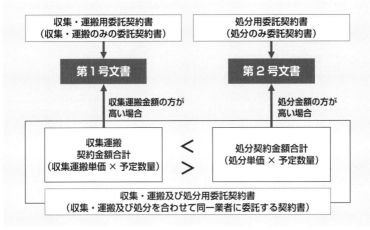

◉印紙税額

1号文書［運送に関する契約書］【収集運搬用】			
1万円未満	非課税	1,000万円を超え5,000万円以下	2万円
1万円以上10万円以下	200円	5,000万円を超え1億円以下	6万円
10万円を超え50万円以下	400円	1億円を超え5億円以下	10万円
50万円を超え100万円以下	1千円	5億円を超え10億円以下	20万円
100万円を超え500万円以下	2千円	10億円を超え50億円以下	40万円
500万円を超え1,000万円以下	1万円	50億円を超えるもの	60万円
2号文書［請負に関する契約書］【処分用】			
1万円未満	非課税	1,000万円を超え5,000万円以下	2万円
1万円以上100万円以下	200円	5,000万円を超え1億円以下	6万円
100万円を超え200万円以下	400円	1億円を超え5億円以下	10万円
200万円を超え300万円以下	1千円	5億円を超え10億円以下	20万円
300万円を超え500万円以下	2千円	10億円を超え50億円以下	40万円
500万円を超え1,000万円以下	1万円	50億円を超えるもの	60万円
7号文書［継続的取引の基本となる契約書］			
一律　4千円			

こ こでは収集運搬の委託契約書を解剖して解説します。必須条項、法的要求事項などをチェックしておきましょう。なお、この委託契約書のひな形は、公益社団法人全国産業資源循環連合会が公開しているものです。

色付きの条文 契約書の必須条項

法 法的要求事項

❗ ポイント解説

| 収入 印紙 | **産業廃棄物収集・運搬委託契約書** |

法 収入印紙の貼り付け（印紙税法）

❗ 印紙税の詳細は、108 ページ参照（よくある事例）…収集運搬契約 ＝ 印紙税法の1号文書扱い

排出事業者：＿＿＿＿＿＿（以下「甲」という。）と、
収集運搬業者：＿＿＿＿＿（以下「乙」という。）は、
甲の事業場：＿＿＿＿＿＿から排出される産業廃棄物の
収集・運搬に関して次のとおり契約を締結する。

❗ 誰と誰の契約であるかは契約書の基本

❗ このように排出事業場を記入する例はよくあるが、法的記載事項ではないため、単に「甲の事業場から排出される…」というように事業場名を特定しなくともよい。

第1条（法令の遵守）
　甲及び乙は、処理業務の遂行にあたって廃棄物の処理及び清掃に関する法律その他関係法令を遵守するものとする。

第2条（委託内容）
1（乙の事業範囲）
　乙の事業範囲は、以下のとおりであり、乙は、この事業範囲を証するものとして、許可証の写しを甲に提出し、本契約書に添付するものとし、下記に記載の許可事項に変更があったときは、速やかにその旨を甲に書面をもって通知するとともに、変更後の許可証の写しを甲に提出し、本契約書に添付する。

❗ 法律上の両者の義務

❗ 法的記載事項ではないが、収集運搬許可証の委託契約書への添付が必要となる。（廃棄物処理法施行規則第8条の4①）

❗ この「変更」の意味に、許可の更新も含まれるかは解釈によるので、より明確にするため、変更と横並びで「更新」という文言も入れておきたい。（更新は許可の期限を更新する意味）

◎収集運搬に関する事業範囲

〔産廃〕

許可都道府県・政令市:_____	許可都道府県・政令市:_____
許可の有効期限:_____	許可の有効期限:_____
事業範囲:_____	事業範囲:_____
許可の条件:_____	許可の条件:_____
許可番号:_____	許可番号:_____

〔特管〕

許可都道府県・政令市:_____	許可都道府県・政令市:_____
許可の有効期限:_____	許可の有効期限:_____
事業範囲:_____	事業範囲:_____
許可の条件:_____	許可の条件:_____
許可番号:_____	許可番号:_____

2（委託する産業廃棄物の種類、数量及び単価）

　甲が、乙に収集・運搬を委託する産業廃棄物の種類、数量及び収集・運搬単価は、次のとおりとする。

種　　類:_____ _____ _____

数　　量:_____ _____ _____
単価（税抜）:_____ _____ _____

3（輸入廃棄物の有・無）

　甲が、乙に委託する産業廃棄物が輸入された廃棄物である場合は、その旨を記載する。

　（注:契約当事者が下記の①②のいずれかを選択すること）

①輸入廃棄物:無　　　②輸入廃棄物:有 _____

4（運搬の最終目的地）

　乙は、甲から委託された第2項の産業廃棄物を、甲の指定する次の最終目的地に搬入する。

氏　　名:_____
（法人にあっては、名称及び代表者の氏名）
住　　所:_____

許可都道府県・政令市:_____	許可の有効期限:_____
事業の区分:_____	産業廃棄物の種類:_____
許可の条件:_____	許可番号:_____
事業場の名称:_____	所在地:_____

法 収集運搬業の事業範囲（廃棄物処理法施行規則第8条の4の2③）

❗ 収集運搬の事業範囲は、積込地と荷降ろし地の事業範囲を記載する必要がある。できることなら、廃棄物が排出される可能性のある地域はあらかじめ入れておきたい。

法 廃棄物の種類、数量、単価（廃棄物処理法施行令第6条の2④イ、施行規則第8条の4の2②）
この単価の記載は、施行規則の「支払う料金」の定めによる。

❗ この産業廃棄物の種類は、53ページの産業廃棄物の20種類、もしくは特別管理産業廃棄物の種類を記載すること。よく具体的な品名、例えば「OA機器」などと書かれる例をよく見るが、その場合には、要らぬ指摘を受けないためにも「金属くず、廃プラスチック類（OA機器）」などと表しておきたい。

❗ この数量、単価は、「どれくらい排出されるかわからない」などの理由で、よく「見積書のとおり」と記入される例を見るが、それは基本的には誤り。何かしらの予測される数量、単価は記入する必要あり。ただし、金額が明記されている見積書がこの契約書に添付されていればOK。

法 運搬の最終目的地の所在地（廃棄物処理法施行令第6条の2④ロ）

❗ 中間処理業者や積替保管施設が記載されるのがほとんど。新たな中間処理業者などへの収集運搬が追加になった場合は、覚書等でこの最終目的地に追加する必要がある。

5 (積替保管)

(注:契約当事者が下記の①②③のいずれかを選択すること)

① 乙は、甲から委託された産業廃棄物の積替えを行わない。

② 乙は、甲から委託された産業廃棄物の積替保管を行う。積替保管は法令に基づきかつ、第14条で定める契約期間内に確実に収集・運搬できる範囲で行う。この場合安定型産業廃棄物は、他の安定型産業廃棄物と混合することがあり得るものとする。なお、積替保管の場所において選別は行わないこととする。

③ 乙は、甲から委託された産業廃棄物の積替保管を行う。積替保管は法令に基づきかつ、第14条で定める契約期間内に確実に収集・運搬できる範囲で行う。この場合乙はこの契約に係る産業廃棄物を他人の産業廃棄物と混合してはならない。なお、積替保管の場所において選別は行わないこととする。

積替保管施設に搬入できる産業廃棄物の種類:＿＿＿＿＿＿＿

積替保管施設の所在地:＿＿＿＿＿＿＿＿＿＿＿＿＿

積替保管施設の保管上限:＿＿＿＿＿＿＿＿＿＿＿＿

第3条 (適正処理に必要な情報の提供)

1 甲は、産業廃棄物の適正な処理のために必要な以下の情報を、あらかじめ書面をもって乙に提供しなければならない。以下の情報を具体化した「廃棄物データシート」（環境省の「廃棄物情報の提供に関するガイドライン（第2版）」を参照）の項目を参考に書面の作成を行うものとする。

　ア　産業廃棄物の発生工程

　イ　産業廃棄物の性状及び荷姿

　ウ　腐敗、揮発等性状の変化に関する事項

　エ　混合等により生ずる支障

　オ　日本工業規格C0950号に規定する含有マークが付された廃製品の場合には、含有マーク表示に関する事項

　カ　石綿含有産業廃棄物、特定産業廃棄物、水銀使用製品産業廃棄物又は水銀含有ばいじん等が含まれる場合は、その事項

　キ　その他取扱いの注意事項

法 積替保管施設を経由するときは法的記載事項
（廃棄物処理法施行規則第8条の4の2④⑤）

❷ 積替保管を伴わない運搬の際は法的記載事項ではないが、積替保管施設等での不適正処理はいまだにあるため、積替保管を伴わない場合もこのように積替保管禁止の旨を記載することが望まれる。

法 適正処理のために必要なア～キの情報
（ただし、オ、カについては、委託する廃棄物に含まれている場合は法的記載事項）
（廃棄物処理法施行規則第8条の4の2⑥）

❷ この「廃棄物データシート」は、通称WDSと呼ばれ、環境省からのガイドラインで規定されているが、使用しなければならないということではない。
しかし、廃棄物の性状等が不安視されるような場合や、特別管理産業廃棄物の場合には使用することをおすすめする。

2 甲は、委託契約の有効期間中、適正な処理及び事故防止並びに処理費用等の観点から、委託する産業廃棄物の性状等の変更があった場合は、乙に対し速やかに書面をもってその変更の内容及び程度の情報を通知する。

なお、乙の業務及び処理方法に支障を生ずるおそれがある場合の性状等の変動幅は、製造工程又は産業廃棄物の発生工程の変更による性状の変更や腐敗等の変化、混入物の発生等の場合であり、甲は、通知する変動幅の範囲について、あらかじめ乙と協議の上、定めるものとする。

3 甲は、委託する産業廃棄物の性状が書面の情報のとおりであることを確認し、乙に引き渡す容器等に表示する（環境省の「廃棄物情報の提供に関するガイドライン（第2版）」の「容器貼付用ラベル」参照）。

4 甲は、委託する産業廃棄物のマニフェストの記載事項を正確にもれなく記載し、虚偽又は記載漏れがある場合は、乙は、委託物の引き取りを一時停止し、マニフェストの記載修正を甲に求め、修正内容を確認の上、委託物を引き取ることとする。

5 甲は、次の産業廃棄物について、契約の有効期間内に以下に定めるとおり、公的検査機関又は環境計量証明事業所において「産業廃棄物に含まれる金属等の検定方法」（昭和48年2月環境庁告示第13号）による試験を行い、分析証明書を乙に提示する。

産業廃棄物の種類：_____

提示する時期又は回数：_____

第4条（甲乙の責任範囲）

1 乙は、甲から委託された産業廃棄物を、その積み込み作業の開始から、第2条第4項に規定する運搬の最終目的地における荷下ろし作業の完了まで、法令に基づき適正に収集・運搬しなければならない。

2 乙が、前項の業務の過程において法令に違反した業務を行い、又は過失によって甲又は第三者に損害を及ぼしたときは、乙においてその損害を賠償し、甲に負担させない。

3 乙が第1項の業務の過程において第三者に損害を及ぼした場合に、甲の指図又は甲の委託の仕方（甲の委託した産業廃棄物の種類又は性状等による原因を含む。）に原因があるときは、甲において賠償し、乙に負担させない。

法 前項の情報に変更があった場合の情報伝達方法（廃棄物処理法施行規則第8条の4の2⑦）

！ マニフェスト未交付での処理の受託の禁止（廃棄物処理法第12条の4②）排出事業者のマニフェスト未交付での収集運搬は法律で禁止されている。

！ 法律上の乙の義務（適正な収集運搬）

4 委託契約書　委託契約書 徹底解剖！　収集運搬編 ❸

4　第1項の業務の過程において乙に損害が発生した場合に、甲の指図又は甲の委託の仕方(甲の委託した産業廃棄物の種類又は性状等による原因を含む。)に原因があるときは、甲が乙にその損害を賠償する。

第5条(再委託の禁止)

乙は、甲から委託された産業廃棄物の収集・運搬業務を他人に委託してはならない。ただし、甲の書面による承諾を得て法令の定める再委託の基準にしたがう場合は、この限りではない。

> ❶ 不適正処理されてしまう可能性があるため、廃棄物処理法では、再委託は原則的に禁止されている。

第6条(義務の譲渡等)

乙は、本契約上の義務を第三者に譲渡し、又は承継させてはならない。

第7条(委託業務終了報告)

乙は甲から委託された産業廃棄物の業務が終了した後、直ちに業務終了報告書を作成し、甲に提出する。ただし、業務終了報告書は、収集・運搬業務については、それぞれの運搬区間に応じたマニフェストB2票、B4票、B6票、又は電子マニフェストの運搬終了報告で代えることができる。

> 法 業務終了報告
> (廃棄物処理法施行規則第8条の4の2⑧)
> この業務終了報告は、収集運搬業務の終了報告であるため、よくあるのはマニフェストB2票での終了報告となる。(積替保管の場合はB4、B6票も)

> ❶ 電子マニフェストの加入率(電子化率)が66%(2021(令和3年)5月現在の直近1年間の電子化率)であるため、今後も増えていくと予測される。したがって、この電子マニフェストでの報告を入れておいてもよい。

第8条(業務の一時停止)

1　乙は、甲から委託された産業廃棄物の適正処理を行うことが困難となり、又は困難となるおそれがある事由として、廃棄物の処理及び清掃に関する法律施行規則第10条の6の2等に定める事由が生じたときは、ただちに当該委託に係る業務を一時停止し、同法第14条第13項等の規定に基づき、遅滞なくその旨を書面により甲に通知しなければならない。

2　甲は、前項の通知を受けたときは、速やかに当該委託に係る産業廃棄物の処理の状況を把握する等、廃棄物の処理及び清掃に関する法律第12条の3第8項に定める措置を講じるとともに、通知を発出した乙が処理を適切に行えるようになるまでの間、乙に新たな処理委託を行わない等の必要な措置を講じなければならない。

> ❶ 乙が適正に収集運搬できない場合に、甲に通知する義務を乙に課すことによって、リスク回避にもなる。よって、できればこのような条項は入れておいた方がよい。
> 【収集運搬できない主な事由】
> ・事故
> ・車両の故障
> ・積替保管上限オーバー
> ・営業停止や許可取消などの行政処分
> ・事業廃止 など

114

第9条（料金・消費税・支払い）

1　甲は、乙に対し毎月一定の期日を定めて収集・運搬業務の料金を支払う。

2　甲の委託する産業廃棄物の収集・運搬業務に関する料金は、第2条第2項で定める単価（税抜）に基づき算出する。

3　甲の委託する産業廃棄物の収集・運搬業務に対する料金についての消費税は、甲が負担する。

4　料金の額が経済情勢の変化及び第3条第2項、第8条等により不相当となったときは、甲乙協議の上、これを改定することができる。

> ❶ 支払いのタイミングは、収集運搬を終えてマニフェストB2票が返送されてからがよい。

> ❶ この収集運搬料金の改定について、当初定めた金額より増減する可能性はあり得る。そのためにも、このような条項は入れておいた方がよい。

第10条（内容の変更）

　甲又は乙は、必要がある場合は委託業務の内容を変更することができる。この場合において、契約単価（税抜）又は契約の有効期間を変更するとき、又は予定数量に大幅な変動が生ずるときは、甲乙協議の上、書面によりこれを定めるものとする。第3条第2項、第8条の場合も同様とする。

第11条（機密保持）

　甲及び乙は、本契約に関連して、業務上知り得た相手方の機密を第三者に漏らしてはならない。当該機密を公表する必要が生じた場合には、相手方の書面による許諾を得なければならない。

> ❶ この機密保持は、甲乙双方の義務にしておいた方がよい。

第12条（契約の解除）

1　甲及び乙は、相手方が本契約の各条項のいずれかに違反したときは、書面による催告の上、相互に本契約を解除することができる。

2　甲及び乙は、相手方が反社会的勢力（暴力団等）である場合又は反社会的勢力と密接な関係がある場合には、相互に催告することなく、本契約を解除することができる。

3　甲又は乙から契約を解除した場合において、本契約に基づいて甲から引き渡しを受けた産業廃棄物の処理が未だに完了していないものがあるときは、乙又は甲は、次の措置を講じなければならない。

> ❶ 収集運搬業者に違反行為などがあった場合には、すぐに契約を解約することがリスク回避にもなるので、この条項は入れておきたい。

> ❶ 暴力団員による不当な行為の防止等に関する法律（暴対法）により、この条項の定めがあるとよい。

> 法 契約を解除した場合の処理されない廃棄物の取扱い（廃棄物処理法施行規則第8条の4の2⑨）

(1)乙の義務違反により甲が解除した場合

　イ　乙は、解除された後も、その産業廃棄物に対する本契約に基づく乙の業務を遂行する責任は免れないことを承知し、その残っている産業廃棄物についての収集・運搬の業務を自ら実行するか、又は甲の承諾を得た上で、許可を有する別の業者に自己の費用をもって行わせなければならない。

　ロ　乙が他の業者に委託する場合に、その業者に対する費用を支払う資金が乙にないときは、乙はその旨を甲に通知し、資金のないことを明確にしなければならない。

　ハ　上記ロの場合、甲は、当該業者に対し、差し当たり、甲の費用負担をもって乙のもとにある未処理の産業廃棄物の収集・運搬を行わしめるものとし、乙に対して、甲が負担した費用の償還を請求することができる。

(2)甲の義務違反により乙が解除した場合

　乙は、甲に対し、甲の義務違反による損害の賠償を請求するとともに、乙のもとにある未処理の産業廃棄物を、甲の費用をもって当該産業廃棄物を引き取ることを要求し、もしくは乙の費用負担をもって甲の事業場に運搬した上、甲に対し当該運搬の費用を請求することができる。

第13条(協議)

　本契約に定めのない事項又は本契約の各条項に関する疑義が生じたときは、関係法令にしたがい、その都度、甲乙が誠意をもって協議し、これを取り決めるものとする。

第14条(契約の有効期間)

(注:契約当事者が下記の①②のいずれかを選択すること)

①本契約は、有効期間を平成　年　月　日から

　平成　年　月　日までとする。

②本契約は、有効期間を平成　年　月　日から

　平成　年　月　日までの　　年間とし、期間満了の1ヶ月前までに、甲乙の一方から相手方に対する書面による解約の申し入れがない限り、同一条件で更新されたものとし、その後も同様とする。

　本契約の成立を証するために本書2通を作成し、甲乙は、各々記名押印の上、各1通を保有する。

平成　年　月　日

　　　　　　　　甲　　　　　　　　　　　　　印

　　　　　　　　乙　　　　　　　　　　　　　印

法 契約の有効期間
（廃棄物処理法施行規則第8条の4の2①）

❶ 通常は「1」年間

❷ この契約の有効期間については、①、②のどちらでもよいが、①の場合、有効期間を迎えた以降に収集運搬を委託した場合、契約の未締結となってしまうので、もし可能であれば②の自動更新で対応されたい。
しかしながら、委託契約書の保存義務は、契約終了日から起算して5年間なので、契約を終了しない限りは永久的な保管となる。
したがって、このことも鑑みて、①、②のどちらかを採用するか決めるとよい。

みどりさんの「契約書の間違い探し」クイズ

Q：以下の廃棄物処理スキームの場合、収集運搬委託契約書のどこかに不適正な箇所があります。それはどこでしょう？

廃棄物	排出事業者	収集運搬業者	処分業者
廃パソコン　がれき類	○×商事㈱（甲の事業場：東京都大田区）	□△運送㈱	△○処理㈱（工場：千葉県千葉市）

収入
印紙

産業廃棄物収集・運搬委託契約書

排出事業者：○×商事株式会社　（以下「甲」という。）と、
収集運搬業者：□△運送株式会社　（以下「乙」という。）は、
甲の事業場：東京都大田区○−○−○から排出される産業廃
物の収集・運搬に関して次のとおり契約を締結する。

第2条（委託内容）
　1（乙の事業範囲）
　　◎収集運搬に関する事業範囲
　　〔産廃〕
　　許可都道府県・政令市：東京都
　　許可の有効期限：平成○年○月○日
　　事業範囲：××××
　　許可の条件：△△△△
　　許可番号：第12345XXXXX号

　2（委託する産業廃棄物の種類、数量及び単価）
　　甲が、乙に収集・運搬を委託する産業廃棄物の種類、数量及
　び収集・運搬単価は、次のとおりとする。
　　種　　　類：　廃PC　　　がれき類　　　　　　
　　数　　　量：　1t〜10t　　10㎥　　　　　　
　　単価（税抜）：見積書のとおり　25,000円／4t車

A：

　●乙の事業範囲…「千葉県」の収集運搬業の許可範囲が抜けている

　●廃棄物の種類…「金属くず、廃プラスチック類（廃PC）」のように法で定められた20種類の名称で記載（推奨）

　●収集運搬費…見積書のとおりは×。何かしら運搬費を記載するか見積書を添付

　※数量に幅をもたせた書き方は、法令上特に×とはならない。

続 いては処分委託契約書のひな形を解剖して解説します。前述したように収集運搬と共通する条項が多いですが、処分方法や処理能力の記載が処分委託契約書には必要になります。

> **色付きの条文** 契約書の必須条項
> **法** 法的要求事項
> **❗** ポイント解説

収入印紙

産業廃棄物処分委託契約書

法 収入印紙の貼り付け
（印紙税法）

❗ 印紙税の詳細は、108 ページ参照
（よくある事例）
…処分契約 = 印紙税法の2号文書扱い

排出事業者：＿＿＿＿＿＿＿＿（以下「甲」という。）と、
処分業者：＿＿＿＿＿＿＿（以下「乙」という。）は、
甲の事業場：＿＿＿＿＿＿＿ から排出される産業廃棄物の処分に関して次のとおり契約を締結する。

❗ 誰と誰の契約であるかは契約書の基本

❗ このように排出事業場を記入する例はよくあるが、法的記載事項ではないため、単に「甲の事業場から排出される…」というように事業場名を特定しなくともよい。

第1条（法令の遵守）
甲及び乙は、処理業務の遂行にあたって廃棄物の処理及び清掃に関する法律その他関係法令を遵守するものとする。

❗ 法律上の両者の義務

第2条（委託内容）
1（乙の事業範囲）
乙の事業範囲は、以下のとおりであり、乙は、この事業範囲を証するものとして、許可証の写しを甲に提出し、本契約書に添付するものとし、下記に記載の許可事項に変更があったときは、速やかにその旨を甲に書面をもって通知するとともに、変更後の許可証の写しを甲に提出し、本契約書に添付する。

❗ 法的記載事項ではないが、処分業許可証の委託契約書への添付が必要となる。
（廃棄物処理法施行規則第8条の4②）

❗ この「変更」の意味に、許可の更新も含まれるかは解釈によるので、より明確にするため、変更と横並びで「更新」という文言も入れておきたい。（更新は許可の期限を更新する意味）

◎処分に関する事業範囲

〔産廃〕　　　　　　　　　〔特管〕

許可都道府県・政令市:_____　許可都道府県・政令市:_____

許可の有効期限:_____　許可の有効期限:_____

事業区分:_____　　　　事業区分:_____

産業廃棄物の種類:_____　産業廃棄物の種類:_____

許可の条件:_____　　　許可の条件:_____

許可番号:_____　　　　許可番号:_____

2（委託する産業廃棄物の種類、数量及び単価）

　甲が、乙に処分を委託する産業廃棄物の種類、数量及び処分単価は、次のとおりとする。

種　　類: _____　_____　_____

数　　量: _____　_____　_____

単価（税抜）: _____　_____　_____

3（輸入廃棄物の有・無）

　甲が、乙に委託する産業廃棄物が輸入された廃棄物である場合は、その旨を記載する。

　（注:契約当事者が下記の①②のいずれかを選択すること）

①輸入廃棄物:無　　②輸入廃棄物:有 _____

4（処分の場所、方法及び処理能力）

　乙は、甲から委託された第2項の産業廃棄物を次のとおり処分する。

　事業場の名称:_____

　所在地:_____

　処分の方法:_____

　施設の処理能力:_____

法 処分業の事業範囲（廃棄物処理法施行規則第8条の4の2③）

法 廃棄物の種類、数量、単価（廃棄物処理法施行令第6条の2④イ、施行規則第8条の4の2②）この単価の記載は、施行規則の「支払う料金」の定めによる。

❶ この産業廃棄物の種類は、53ページの産業廃棄物の20種類、もしくは特別管理産業廃棄物の種類を記載すること。よく具体的な品名、例えば「OA機器」などと書かれる例をよく見るが、その場合には、要らぬ指摘を受けないためにも「金属くず、廃プラスチック類（OA機器）」などと表しておきたい。

❷ この数量、単価は、「どれくらい排出されるかわからない」「品目により単価が異なる」などの理由で、よく「見積書のとおり」と記入される例を見るが、それは基本的には誤り。何かしらの予測される数量、単価は記入する必要あり。ただし、金額が明記されている見積書がこの契約書に添付されていればOK。

法 輸入廃棄物の場合のみ法的記載事項・輸入廃棄物である場合にはその旨（廃棄物処理法施行令 第6条の2④二）

法 処分の場所、処分方法、処理能力（廃棄物処理法施行令 第6条の2④ハ）

119

5 (最終処分の場所、方法及び処理能力)

甲から、乙に委託された産業廃棄物の最終処分（予定）を次のとおりとする。

最終処分先の番号	事業場の名称	所在地	処分方法	施設の処理能力

法 最終処分の場所、最終処分方法、処理能力
（廃棄物処理法施行令 第6条の2④ホ）

6 (搬入業者)

第2条第2項の産業廃棄物の第2条第4項に指定する事業場への搬入は、次の収集・運搬業者が行う。

氏　名:_____
（法人にあっては、名称及び代表者の氏名）

住　所:_____

許可都道府県・政令市:_____　許可都道府県・政令市:_____

許可の有効期限:_____　許可の有効期限:_____

事業範囲:_____　事業範囲:_____

許可の条件:_____　許可の条件:_____

許可番号:_____　許可番号:_____

❗ この処分委託契約書では、収集運搬業者が誰であるかは法的記載事項ではない。もちろん廃棄物を誰が運搬するのかが明確になるので望ましい姿ではあるが、必須ではない。

第3条 (適正処理に必要な情報の提供)

1　甲は、産業廃棄物の適正な処理のために必要な以下の情報を、あらかじめ書面をもって乙に提供しなければならない。以下の情報を具体化した「廃棄物データシート」（環境省の「廃棄物情報の提供に関するガイドライン（第2版）」を参照）の項目を参考に書面の作成を行うものとする。

　ア　産業廃棄物の発生工程

　イ　産業廃棄物の性状及び荷姿

　ウ　腐敗、揮発等性状の変化に関する事項

　エ　混合等により生ずる支障

　オ　日本工業規格CO950号に規定する含有マークが付された廃製品の場合には、含有マーク表示に関する事項

　カ　石綿含有産業廃棄物、特定産業廃棄物、水銀使用製品産業廃棄物又は水銀含有ばいじん等が含まれる場合は、その事項

　キ　その他取扱いの注意事項

法 適正処理のために必要なア〜キの情報
（ただし、オ、カについては、委託する廃棄物に含まれている場合は法的記載事項）
（廃棄物処理法施行規則第8条の4の2⑥）

❗ この「廃棄物データシート」は、通称WDSと呼ばれ、環境省からのガイドラインで規定されているが、使用しなければならないということではない。
しかし、廃棄物の性状等が不安視されるような場合や、特別管理産業廃棄物の場合には使用することをおすすめする。

2　甲は、委託契約の有効期間中、適正な処理及び事故防止並びに処理費用等の観点から、委託する産業廃棄物の性状等の変更があった場合は、乙に対し速やかに書面をもってその変更の内容及び程度の情報を通知する。

なお、乙の業務及び処理方法に支障を生ずるおそれがある場合の性状等の変動幅は、製造工程又は産業廃棄物の発生工程の変更による性状の変更や腐敗等の変化、混入物の発生等の場合であり、甲は、通知する変動幅の範囲について、あらかじめ乙と協議の上、定めるものとする。

3　甲は、委託する産業廃棄物の性状が書面の情報のとおりであることを確認し、乙に引き渡す容器等に表示する（環境省の「廃棄物情報の提供に関するガイドライン（第2版）」の「容器貼付用ラベル」参照）。

4　甲は、委託する産業廃棄物のマニフェストの記載事項を正確にもれなく記載し、虚偽又は記載漏れがある場合は、乙は、委託物の引き取りを一時停止し、マニフェストの記載修正を甲に求め、修正内容を確認の上、委託物を引き取ることとする。

5　甲は、次の産業廃棄物について、契約の有効期間内に以下に定めるとおり、公的検査機関又は環境計量証明事業所において「産業廃棄物に含まれる金属等の検定方法」（昭和48年2月環境庁告示第13号）による試験を行い、分析証明書を乙に提示する。

産業廃棄物の種類：＿＿＿＿＿＿＿＿＿＿＿＿＿＿＿＿

提示する時期又は回数：＿＿＿＿＿＿＿＿＿＿＿＿＿＿

第4条（甲乙の責任範囲）

1　乙は、甲から委託された産業廃棄物を、処分の完了まで、法令に基づき適正に処理しなければならない。

2　乙が、前項の業務の過程において法令に違反した業務を行い、又は過失によって甲又は第三者に損害を及ぼしたときは、乙においてその損害を賠償し、甲に負担させない。

3　乙が第1項の業務の過程において第三者に損害を及ぼした場合に、甲の指図又は甲の委託の仕方（甲の委託した産業廃棄物の種類又は性状等による原因を含む。）に原因があるときは、甲において賠償し、乙に負担させない。

法　前項の情報に変更があった場合の情報伝達方法
（廃棄物処理法施行規則第8条の4の2⑦）

❷　マニフェスト未交付での処理の受託の禁止
（廃棄物処理法第12条の4②）
排出事業者のマニフェスト未交付での処分は法律で禁止されている。

❷　法律上の乙の義務（適正な処理）

4　第1項の業務の過程において乙に損害が発生した場合に、甲の指図又は甲の委託の仕方(甲の委託した産業廃棄物の種類又は性状等による原因を含む。)に原因があるときは、甲が乙にその損害を賠償する。

第5条(再委託の禁止)

乙は、甲から委託された産業廃棄物の処分業務を他人に委託してはならない。ただし、甲の書面による承諾を得て法令の定める再委託の基準にしたがう場合は、この限りではない。

❶ 不適正処理されてしまう可能性があるため、廃棄物処理法では、再委託は原則的に禁止されている。

第6条(義務の譲渡等)

乙は、本契約上の義務を第三者に譲渡し、又は承継させてはならない。

第7条(委託業務終了報告)

乙は甲から委託された産業廃棄物の業務が終了した後、直ちに業務終了報告書を作成し、甲に提出する。ただし、業務終了報告書は、処分業務についてはマニフェストD票、又は電子マニフェストの処分終了報告で代えることができる。

法 業務終了報告
(廃棄物処理法施行規則第8条の4の2⑧)
この業務終了報告は、処分業務の終了報告であるため、よくあるのはマニフェストD票もしくはE票での終了報告となる。

第8条(業務の一時停止)

1　乙は、甲から委託された産業廃棄物の適正処理を行うことが困難となり、又は困難となるおそれがある事由として、廃棄物の処理及び清掃に関する法律施行規則第10条の6の2等に定める事由が生じたときは、ただちに当該委託に係る業務を一時停止し、同法第14条第13項等の規定に基づき、遅滞なくその旨を書面により甲に通知しなければならない。

2　甲は、前項の通知を受けたときは、速やかに当該委託に係る産業廃棄物の処理の状況を把握する等、廃棄物の処理及び清掃に関する法律第12条の3第8項に定める措置を講じるとともに、通知を発出した乙が処理を適切に行えるようになるまでの間、乙に新たな処理委託を行わない等の必要な措置を講じなければならない。

❶ 電子マニフェストの加入率(電子化率)が66%(2021(令和3年)5月現在の直近1年間の電子化率)であるため、今後も増えていくと予測される。したがって、この電子マニフェストでの報告を入れておいてもよい。

❶ 乙が適正に処分できない場合に、甲に通知する義務を乙に課すことによって、リスク回避にもなる。よって、できればこのような条項は入れておきたい。
【処分できない主な事由】
・事故
・設備の故障
・廃棄物保管上限オーバー
・営業停止や許可取消などの行政処分
・事業廃止 など

第9条（料金・消費税・支払い）

1　甲は、乙に対し毎月一定の期日を定めて処分業務の料金を支払う。

2　甲の委託する産業廃棄物の処分業務に関する料金は、第2条第2項で定める単価（税抜）に基づき算出する。

3　甲の委託する産業廃棄物の処分業務に対する料金についての消費税は、甲が負担する。

4　料金の額が経済情勢の変化及び第3条第2項、第8条等により不相当となったときは、甲乙協議の上、これを改定することができる。

第10条（内容の変更）

　甲又は乙は、必要がある場合は委託業務の内容を変更することができる。この場合において、契約単価（税抜）又は契約の有効期間を変更するとき、又は予定数量に大幅な変動が生ずるときは、甲乙協議の上、書面によりこれを定めるものとする。第3条第2項、第8条の場合も同様とする。

第11条（機密保持）

　甲及び乙は、本契約に関連して、業務上知り得た相手方の機密を第三者に漏らしてはならない。当該機密を公表する必要が生じた場合には、相手方の書面による許諾を得なければならない。

第12条（契約の解除）

1　甲及び乙は、相手方が本契約の各条項のいずれかに違反したときは、書面による催告の上、相互に本契約を解除することができる。

2　甲及び乙は、相手方が反社会的勢力（暴力団等）である場合又は反社会的勢力と密接な関係がある場合には、相互に催告することなく、本契約を解除することができる。

3　甲又は乙から契約を解除した場合において、本契約に基づいて甲から引き渡しを受けた産業廃棄物の処理が未だに完了していないものがあるときは、乙又は甲は、次の措置を講じなければならない。

❶ 支払いのタイミングは、処分を終えてマニフェストD票が返送されてからがよい。

❶ ここの処分料金の改定について、当初定めた金額より増減する可能性があり得る。そのため、このような条項は入れておいた方がよい。

❶ この機密保持は、甲乙双方の義務にしておいた方がよい。

❶ 処分業者に違反行為などがあった場合には、すぐに契約を解約することがリスク回避にもなるので、この条項は入れておきたい。

❶ 暴力団員による不当な行為の防止等に関する法律（暴対法）により、この条項の定めがあるとよい。

法 契約を解除した場合の処理されない廃棄物の取扱い（廃棄物処理法施行規則第8条の4の2⑨）

123

(1)乙の義務違反により甲が解除した場合

　イ　乙は、解除された後も、その産業廃棄物に対する本契約に基づく乙の業務を遂行する責任は免れないことを承知し、その残っている産業廃棄物についての処分の業務を自ら実行するか、又は甲の承諾を得た上で、許可を有する別の業者に自己の費用をもって行わせなければならない。

　ロ　乙が他の業者に委託する場合に、その業者に対する費用を支払う資金が乙にないときは、乙はその旨を甲に通知し、資金のないことを明確にしなければならない。

　ハ　上記ロの場合、甲は、当該業者に対し、差し当たり、甲の費用負担をもって乙のもとにある未処理の産業廃棄物の処分を行わしめるものとし、乙に対して、甲が負担した費用の償還を請求することができる。

(2)甲の義務違反により乙が解除した場合

　乙は、甲に対し、甲の義務違反による損害の賠償を請求するとともに、乙のもとにある未処理の産業廃棄物を、甲の費用をもって当該産業廃棄物を引き取ることを要求し、もしくは乙の費用負担をもって甲の事業場に運搬した上、甲に対し当該運搬の費用を請求することができる。

第13条（協議）

　本契約に定めのない事項又は本契約の各条項に関する疑義が生じたときは、関係法令にしたがい、その都度、甲乙が誠意をもって協議し、これを取り決めるものとする。

第14条（契約の有効期間）

（注:契約当事者が下記の①②のいずれかを選択すること）

①本契約は、有効期間を平成　年　月　日から

　平成　年　月　日までとする。

②本契約は、有効期間を平成　年　月　日から

　平成　年　月　日までの　　　年間とし、期間満了の1ヶ月前までに、甲乙の一方から相手方に対する書面による解約の申し入れがない限り、同一条件で更新されたものとし、その後も同様とする。

　本契約の成立を証するために本書2通を作成し、甲乙は、各々記名押印の上、各1通を保有する。

　平成　年　月　日

　　　　　　　　　甲　　　　　　　　　　　　　　印
　　　　　　　　　乙　　　　　　　　　　　　　　印

法 契約の有効期間
（廃棄物処理法施行規則第8条の4の2①）

❗ 通常は「1」年間

❗ この契約の有効期間については、①、②のどちらでもよいが、①の場合、有効期間を迎えた以降に処分を委託した場合、契約の未締結となってしまうので、もし可能であれば②の自動更新で対応されたい。
しかしながら、委託契約書の保存義務は、契約終了日から起算して5年間なので、契約を終了しない限りは永久的な保管となる。
したがって、このことも鑑みて、①、②のどちらかを採用するか決めるとよい。

みどりさんの「契約書の間違い探し」クイズ

Q：以下の廃棄物処理スキームの場合、処分委託契約書のどこかに不適正な箇所があります。それはどこでしょう？

廃棄物	排出事業者	処分業者	最終処分業者
 廃プラ	 ○×商事㈱ （甲の事業場：東京都大田区）	 △○エコ㈱ （工場：埼玉県さいたま市） 焼却処分	 □△埋立㈱ （本社：岩手県盛岡市○ー△ー□ 処分場：岩手県△△市○ー△ー□）

　産業廃棄物処分委託契約書

排出事業者：○×商事株式会社　（以下「甲」という。）と、
処分業者：△○エコ株式会社　（以下「乙」という。）は、
甲の事業場：東京都大田区○ー○ー○　から排出される産業廃
　棄物の処分に関して次のとおり契約を締結する。

第2条（委託内容）
　1　（乙の事業範囲）
　　◎処分に関する事業範囲
　　〔産廃〕
　　許可都道府県・政令市：　埼玉県
　　許可の有効期限：　平成○年○月○日
　　事業区分：　△△△
　　産業廃棄物の種類：廃プラスチック類
　　許可の条件：　×××
　　許可番号：123456XXXXX

　5　（最終処分の場所、方法及び処理能力）
　　甲から、乙に委託された産業廃棄物の最終処分（予定）を次の
　　とおりとする。

最終処分 の番号	事業場の名称	所在地	処分方法	施設の 処理能力
1	□△埋立㈱	岩手県盛岡市○ー△ー□	埋立	200万m³

A：
- ●乙の事業範囲…埼玉県ではなく、「さいたま市」の処分業の許可範囲が正しい
- ●最終処分先の所在地…最終処分先の所在地は本社ではなく、処分場の所在地を記載

コラム 14 有価物の売買契約書

❶有価物を売却する際の契約書

廃棄物を処理委託する際の委託契約書は廃棄物処理法で規定されていますが、有価物を売却する際の契約については規定されていません。

しかし、有価物を売却するときにも、ある意味でのリスクは存在すると思われますので、契約を締結することをおすすめします。

次に示すものは、有価物として売却するときに気を付けなければいけないもの、リスクを伴うものと考えられます。

- 情報含有機器
- 会社のロゴがあるもの
- 中古市場に流通してほしくないもの（展示品など）

これら3つに類するような廃棄品については、有価物として取引される場合でも、可能であれば産業廃棄物の処分業者のような物理的破壊を行う業者に売却することをおすすめします。以下のようなリスクの防止が期待できるためです。

- 情報漏えいを防止
- 有価性のもののみを採取して、ロゴの部分等が不法投棄されることを防止
- 中古市場への流通の防止

❷売買契約書に入れたい条項

売買契約を締結する際には、契約書に次のような条文を入れるとリスク低減になると思います。

- 対象品目については、中古市場への流通、リユースすることなく、物理的破壊を必ず行うこと
- 万一、中古市場へ流通した場合は、損害賠償を行うこと

また、もし産廃処分業者へ売却されるのであれば、マニフェストを利用しての運用でもよいかもしれません（その際のマニフェストは伝票代わりとなります）。

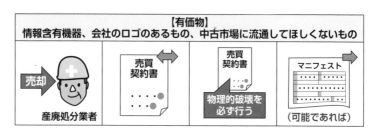

コラム 13 廃棄物のテスト搬入・処理

❶ 適正に処理できるかをテストする場合

破砕、溶融固化、中和、焼却などの適正処理ができるかを確認するために、中間処理業者にテスト搬入し、処理を行うことがあります。

この場合、定常的な処理ではないからといって、委託契約の締結やマニフェストの交付を行わなくてもよいわけではありません。

営利を目的としない試験研究[*1] などを行う場合は、産業廃棄物の処理を業として行うものではないため、許可を要しないという環境省からの通知はありますが、前述のようなテスト処理には適用されません。したがって、テストする廃棄物を収集運搬し、処理する場合も、簡易版の産廃契約でもよいので、収集運搬業者、中間処理業者と委託契約を締結し、マニフェストの交付も行いましょう。

***

[*1] **試験研究に該当するもの**：営利を目的とせず、学術研究又は処理施設の整備もしくは処理技術の改良、考案もしくは発明に係るものであることなど。（環境省通知（環廃産発第 060331001 号、平成 18 年 3 月 31 日））

5 マニフェスト

　こ　こでは廃棄物管理の "四位一体" の３つ目「マニフェスト」について見ていきます。
廃棄物を収集運搬業者に引き渡す際、もしくは自社運搬して処分業者に持ち込み
を行う際には、**排出事業者は必ずマニフェストを交付しなければなりません。**

　また、交付後、マニフェストのB２票、D票、E票などが収集運搬業者、処分業者か
ら返送されてきたかを確認し、その内容の照合確認を行います。

　マニフェストの交付から保管・報告までの手順を右図に示します。

❶ マニフェストとは

　産業廃棄物管理票（マニフェスト）[*1] とは、一言でいうと **「廃棄物の処理が適正に実施
されたかどうかを確認するために作成する書類（伝票）」** です。

　このマニフェストには、「何の廃棄物を」「誰が収集運搬して」「誰が処理する」のか
ということなどが記載されており、収集運搬業者、処分業者は、委託された処理業務を
完了した年月日等を記載して返送することとなります。

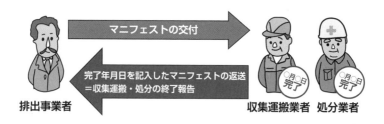

排出事業者　　　　マニフェストの交付　→　　　　収集運搬業者　処分業者
　　　←　完了年月日を記入したマニフェストの返送
　　　　＝収集運搬・処分の終了報告

[*1]　**マニフェストの交付**：排出事業者は、「その産業廃棄物の運搬又は処分を他人に委託する場合には、環境省令
で定めるところにより、当該委託に係る産業廃棄物の引渡しと同時に当該産業廃棄物の運搬又は処分を受託した者
に対し、当該委託に係る産業廃棄物の種類及び数量、運搬又は処分を受託した者の氏名又は名称その他環境省令
で定める事項を記載した産業廃棄物管理票を交付しなければならない。」（法第12条の３：要約）

手順1

マニフェスト交付
・マニフェストA票をすべて記入して交付
・代筆も可だが、右上の交付担当者欄は直筆を推奨

手順2

A票の保管
・収集運搬業者の運転手のサイン、押印を確認
・B1票以降を運転手に渡して、A票のみを切り離して保管

手順3

マニフェストの返送確認、照合
・B2、D、E票の期限内の返送を確認
・その記載内容に問題がないかを確認

返却期限切れ / 虚偽記載

手順4

事実確認・措置・報告
・手順3の返送確認で問題あるものについて、その問題の内容を確認
・報告の必要があれば自治体へ報告

問題なし

手順5

マニフェストの保管
マニフェストA票からE票までセットにして5年以上保管

手順6

マニフェストの交付状況報告
・交付した紙マニフェストを排出事業場ごとに集計
・指定の報告書に取りまとめ、各自治体に報告

5 マニフェスト

❷ 紙マニフェストと電子マニフェスト

　マニフェストには、複写式の紙伝票のような**紙マニフェスト**と、パソコン等を使用して情報登録する**電子マニフェスト**[*1]があり、そのどちらかで交付します。

　コスト面でみると、紙マニフェストはおよそ25円/枚、電子マニフェストはいくつかの料金プランがあり、それなりの交付枚数がないと費用的にはメリットが得られません。

　したがって、コストや利便性などを鑑みて選択しましょう。

❸ マニフェストの区分

　排出事業者、収集運搬業者、中間処理業者間でやりとりするマニフェストを「一次マニフェスト」と呼びます。中間処理後の残さなどは中間処理業者によって最終処分業者に処理委託されますが、その間でやりとりするマニフェストを「二次マニフェスト」と呼びます（二次マニフェストの排出事業者は中間処理業者）。

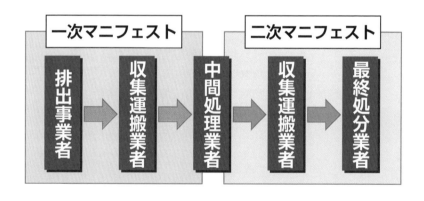

---

*1　**電子マニフェスト**：電子マニフェストは、公益財団法人日本産業廃棄物処理振興センターが運営するJWNET（廃棄物処理法に規定された電子マニフェストシステム）で管理されている。電子化率（年間総マニフェスト数に占める電子マニフェストの登録件数）は、直近1年間で66%（2021（令和3）年5月現在）、2017（平成29）年9月の50%に比べ増加している（出典：公益財団法人日本産業廃棄物処理振興センター）。

●紙マニフェスト

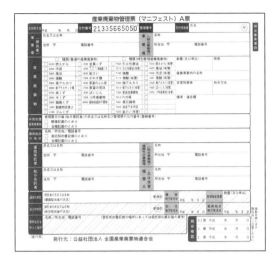

紙マニフェストは全国の産業廃棄物協会などで有償配布しています。

配布価格：
● 単票（100部／箱）
　2,500円（消費税込）

● 連続票（500部／箱）
　12,500円（消費税込）

上記は、2018年4月現在の価格

●電子マニフェスト

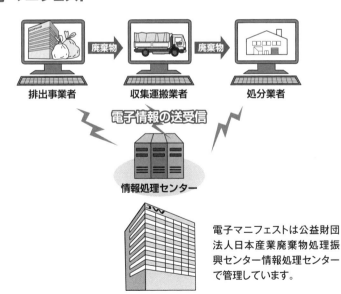

排出事業者　　収集運搬業者　　処分業者

電子情報の送受信

情報処理センター

電子マニフェストは公益財団法人日本産業廃棄物処理振興センター情報処理センターで管理しています。

5 マニフェスト

❹マニフェストの種類

　マニフェストには、排出事業場から処分業者に直接運搬される「直行用」のマニフェストと、積替保管を経由して処分業者に引き渡される場合の「積替用」のマニフェストの2種類があります（下表、右図）。

　マニフェストA票からE票の意味や役割を次に示します。

◉直行用マニフェスト（7枚複写）

　対象：産業廃棄物が処分業者に直接運搬される場合

A票	排出事業者の保存用
B1票	運搬業者の控え
B2票	運搬業者から排出事業者に返送され、運搬終了を確認
C1票	処分業者の保存用
C2票	処分業者から運搬業者に返送され、処分終了を確認（運搬業者の保存用）
D票	処分業者から排出事業者に返送され、処分終了を確認
E票	処分業者から排出事業者に返送され、最終処分終了を確認

◉積替用マニフェスト（8枚複写）

　対象：産業廃棄物が処分業者に引き渡されるまでに積替が行われる場合

A票	排出事業者の保存用
B2票	第1区間の運搬業者から排出事業者に返送され、第1区間の運搬終了を確認
B4票	第2区間の運搬業者から排出事業者に返送され、第2区間の運搬終了を確認
B6票	第3区間の運搬業者から排出事業者に返送され、第3区間の運搬終了を確認
C1票	処分業者の保存用
C2票	処分業者から最終区間の運搬業者に返送され、処分終了を確認（運搬業者の保存用）
D票	処分業者から排出事業者に返送され、処分終了を確認
E票	処分業者から排出事業者に返送され、最終処分終了を確認

●直行用マニフェスト（7枚複写）

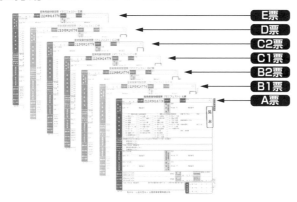

E票
D票
C2票
C1票
B2票
B1票
A票

●積替用マニフェスト（8枚複写）

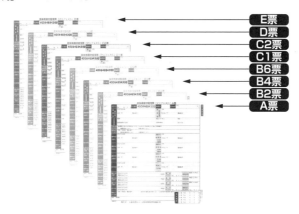

E票
D票
C2票
C1票
B6票
B4票
B2票
A票

●マニフェストの様式の種類

マニフェストの様式はいくつかあります。法律上はすべて同じ扱いですが、それぞれの業態によって廃棄物の品目に合うように内容の構成が変わります。

自販機マニフェスト（自販機のみ使用可）

建設工事廃棄物のマニフェスト

5 マニフェスト

❺ マニフェストの流れ（直行用）

右図を見ながら順を追ってマニフェスト（直行用）の流れを確認します。

◉ 廃棄物引渡し時

①交付

- 排出事業者は、7枚複写のマニフェスト「A・B1・B2・C1・C2・D・E票」に必要事項を記入し、廃棄物とともに収集運搬業者に交付。
- 収集運搬業者による署名又は押印を得た後、A票を控えとして受け取り、残りのマニフェストを収集運搬業者に渡す。

◉ 運搬終了後

②回付・送付

- 収集運搬業者は、残りのマニフェストを廃棄物とともに処分業者に渡す。
- 処分業者は所定欄に署名の上、B1票、B2票を収集運搬業者に返却。
- 収集運搬業者はB1票を保管し、B2票を排出事業者に送付（10日以内）し、運搬終了を報告。

◉ 中間処理終了後

③送付

- 処分業者は、処分終了後、マニフェストの所定欄に署名し、収集運搬業者にC2票を、排出事業者にD票（最終処分の場合はE票も併せて）を送付（10日以内）し、処分終了を報告。C1票は自ら保管。
- 処分（中間処理）業者は受託した産業廃棄物を中間処理した残さ（中間処理産業廃棄物）の最終処分が終了するまでの間E票を保管。

◉ 最終処分終了後

④送付

- 処分業者は、自ら交付したマニフェスト（2次マニフェスト）等により最終処分の終了を確認。
- 保管していた排出事業者のE票に最終処分終了年月日、最終処分の場所を記載の上、排出事業者に返送（10日以内）し、最終処分を報告。

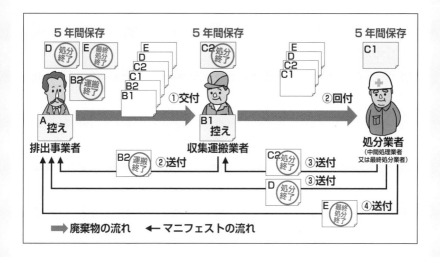

●マニフェストの流れ

●マニフェストの確認

　排出事業者は、A票と収集運搬業者、処分業者から戻ってきたB2票、D票、E票を照合し、適正であることを確認しなければなりません。

●マニフェストの保存

　排出事業者はA票、B2票、D票、E票を、収集運搬業者はB1票、C2票を、処分業者はC1票を、それぞれマニフェストの交付日又は送付を受けた日から5年間保存する義務があります。

5 マニフェスト

❻交付の単位

マニフェストは、基本的には次の単位で交付します。
①廃棄物の種類ごと
②排出事業場ごと
③運搬車ごと
④運搬先ごと

●「廃棄物の種類ごと」の交付の例外

原則「廃棄物の種類ごと」の交付となりますが、右図の「例外」のようにシュレッダーダストなど複数の廃棄物が一体不可分の場合は、まとめて1枚で交付してもよいことになっています。

この例のほかにも、例えばＯＡ機器なら金属くず、廃プラスチック類などの複合物から構成されていますので、マニフェストにその2種類を記入して1枚で交付します。

●「運搬車ごと」の交付の例外

原則として運搬車1台に対してマニフェスト1枚の交付となりますが、複数の運搬車に同時に廃棄物が引き渡され、なおかつその運搬車が連なって運搬される場合には、マニフェストを1枚としてもよいことになっています。

❼交付時の立ち会い義務について

紙マニフェストの場合は、廃棄物の引き渡し時に"立ち会う"ことが求められています。一方、電子マニフェストの場合には、この立ち会いは必須ではないとされています。その理由としては、電子マニフェストのＪＷＮＥＴへの登録は、搬出した日から3日以内[*1]と定められていることからもこのように解釈されています。

[*1] **電子マニフェストの登録**：電子マニフェストを使用する排出事業者は、「…当該委託に係る産業廃棄物を引き渡した後環境省令で定める期間内（3日以内（法施行規則第8条の31の3））に、…登録したときは、…」（法第12条の5第1項：要約）258ページ参照。

●マニフェストの交付単位

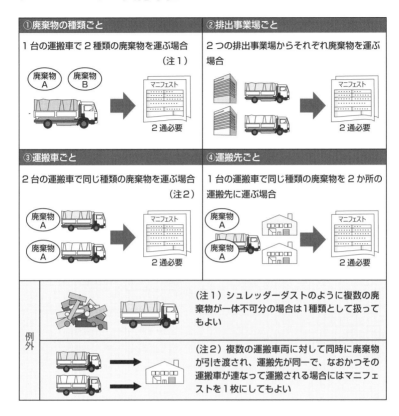

①廃棄物の種類ごと	②排出事業場ごと
1台の運搬車で2種類の廃棄物を運ぶ場合（注1）	2つの排出事業場からそれぞれ廃棄物を運ぶ場合
廃棄物A　廃棄物B　→　マニフェスト　2通必要	→　マニフェスト　2通必要
③運搬車ごと	④運搬先ごと
2台の運搬車で同じ種類の廃棄物を運ぶ場合（注2）	1台の運搬車で同じ種類の廃棄物を2か所の運搬先に運ぶ場合
廃棄物A　廃棄物A　→　マニフェスト　2通必要	廃棄物A　廃棄物A　→　マニフェスト　2通必要

例外

（注1）シュレッダーダストのように複数の廃棄物が一体不可分の場合は1種類として扱ってもよい

（注2）複数の運搬車両に対して同時に廃棄物が引き渡され、運搬先が同一で、なおかつその運搬車が連なって運搬される場合にはマニフェストを1枚にしてもよい

●マニフェスト交付時の立ち会い義務

紙マニフェスト

立ち会い必要

電子マニフェスト

立ち会い不要

5 マニフェスト

❽マニフェストA票の記入

　ここからは紙マニフェストの具体的な記入方法を見ていきます。

　マニフェストA票は排出事業者の控えになる伝票です。排出事業者は一番上につづられているこのA票に次の要領で記入します。

　①マニフェストの交付年月日（産業廃棄物を引き渡す日）を記入

　②排出事業者名及び住所を記入

　③排出事業場の名称及び所在地を記入

　④マニフェストの交付担当者の氏名を記入し印鑑も押印

　⑤産業廃棄物の種類の該当する項目にチェックマークを入れ、名称、数量、荷姿、処分方法などを記入（数量はkg、m³、L等の単位がよく用いられるが決まりはない。荷姿はコンテナ、バラ、ドラム缶、ポリ容器など具体的に記入。廃棄物の名称は具体的な名称を記入）

　⑥アスベスト含有の廃棄物や水銀使用製品産業廃棄物の場合、チェックボックスにレ点を記入（チェックボックスがない場合は手書きでその旨を記入）

　⑦記入不要。中間処理業者がその処理残さを委託処理する際（2次マニフェスト交付の際）に記入

　⑧「委託契約書記載のとおり」にチェックするか、最終処分先が決まっている場合はその処分場の名称・所在地・電話番号を記入

　⑨収集運搬業者の名称・住所・電話番号を記入

　⑩処分業者の処分事業場の名称・所在地・電話番号を記入

　⑪処分業者の名称・住所・電話番号を記入（本社住所）

　⑫収集運搬業者のトラックの運転手が、社名と運転手名を記入

　⑬排出事業者が、処理業者からのB2票、D票、E票のそれぞれの返却時に、その内容を照合確認し、その返送日を記入

❾マニフェストA票の保管

　排出事業者は、マニフェストA票に必要事項すべてを記入し、収集運搬業者に廃棄物を引き渡す際に収集運搬業者にサインをもらい（右図⑫）、A票のみを切り離して保管します。

　運搬、処分の終了後、収集運搬業者及び処分業者からこのA票の写しでもあるB2票、D票、E票が返送されてきますので、返送されたらA票とセットにして保管しておくとよいでしょう。

●マニフェストA票の記入

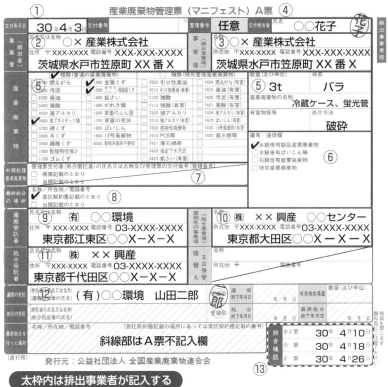

太枠内は排出事業者が記入する

●マニフェストのA票の保管

排出事業者　　　　　　収集運搬業者

5 マニフェスト

⑩マニフェストの返送の確認

　マニフェストに関する業務は、交付したらそれで終わりではありません。B2票、D票、E票が収集運搬業者や処分業者より返送されてきますので、その返送があった日を記録しておきましょう（この記録は通常はA票の右下の照合確認の欄を活用）。

⑪マニフェストB2票、D票、E票

　次にマニフェストの照合確認をしますが、その前にそれぞれの票の意味をここで再確認します。
- ●B2票：収集運搬終了報告
- ●D票：中間処理終了報告
- ●E票：最終処分終了報告

⑫マニフェストの照合確認

　マニフェストの返送日の記入を終えたら、マニフェストA票に対応するB2票、D票、E票がすべて返送されてきているかどうか、またその返送は期日以内なのかを確認します（期日は右表（上）のとおり）。

　マニフェストの照合確認にあたって、確認事項のポイントは次の3点です。
　①記入すべき事項の記入漏れはないか
　②虚偽の記入はないか
　③マニフェストの返送期日を過ぎていないか

⑬処理業者の回付にかかる返送期日

　処理業者は、マニフェストの交付日から起算して一定の期間以内に排出事業者にB2票、D票、E票を返送しなければなりません（右表（上））。また、あまり知られていないかもしれませんが、処理業者にはもうひとつの返送期日があります。その期日はいずれも収集運搬終了日、もしくは処分終了日から起算して10日以内の返送期日となります（右表（下））。

●マニフェスト返送の確認

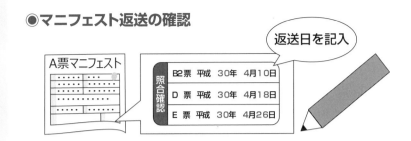

●マニフェストの返送期日

①排出事業者の確認義務

B2票（積替用の場合はB4,B6票）、D票、E票が期日以内に返送されてきてるか、それぞれA票と照合して確認する。

マニフェスト	返送確認期日	
	産業廃棄物	特別管理産業廃棄物
B2票（B4票、B6票）	交付日から90日	交付日から60日
D票	交付日から90日	交付日から60日
E票	交付日から180日	交付日から180日

②処理業者の回付義務

処理業者にも以下の期日以内にマニフェストを排出事業者に返送することが義務づけられている。

マニフェスト	返送期日
B2票	運搬終了後10日以内（収集運搬業者の義務）
B4票（積替用の場合）	運搬終了後10日以内（収集運搬業者の義務）
B6票（積替用の場合）	運搬終了後10日以内（収集運搬業者の義務）
D票	処分終了後10日以内（処分業者の義務）
E票	最終処分終了後10日以内（処分業者の義務）

⓮ マニフェストB2票の確認ポイント

マニフェストB2票の確認ポイントは、収集運搬終了日だけではありません。収集運搬業者等によってA票の内容が書き換えられる可能性を踏まえ、右の確認ポイントをチェックしましょう。

なお、この書き換えは処理費の過大請求にもつながる可能性がありますので、もし書き換えがあった場合には、その理由を収集運搬業者に確認しましょう。

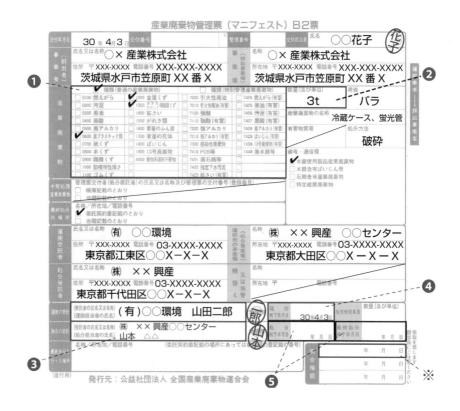

確認ポイント	
❶	・産業廃棄物の種類欄を書き換え、追記されていないかを確認 ・もし書き換えられた場合は、収集運搬業者にその理由を確認
❷	・数量記入欄を書き換えられていないかを確認 ・もし書き換えられた場合は、収集運搬業者にその理由を確認
❸	・処理委託先の処理業者名と、担当者名があるかを確認（平成17年10月の法改正により担当者名に加えて会社名も追加された） ＜予備情報＞ ・当欄はB2票の記載事項として法で定められているわけではないが、処分業者が受領した意味で書かれているのが一般的
❹	・収集運搬業者が処分業者へ運搬した年月日を確認（積替保管でない場合、交付年月日と運搬終了日は同一日が多い）
❺	・B2票には当欄には記入がないはず ・もし記入がある場合には、収集運搬業者にその理由を確認

| 注意
※ | ・マニフェストA票の交付日から起算して90日（特別管理産業廃棄物は60日）以内にB2票が返送されない場合、
もしくは、
・マニフェストに虚偽記載などがあって不適正処理された可能性のある場合、その事実関係を確認する
・不適正処理が行われた場合には、環境省令で定めるところにより、「措置内容等報告書」にて、当該返送期日から起算して30日以内に各自治体に報告する必要がある（法第12条の3第8項） |

5 マニフェスト

⓯ マニフェストのD票の確認ポイント

マニフェストD票の確認ポイントも、処分終了日（中間処理終了日）だけではありません。中間処理業者等によってA票の内容が書き換えられる可能性を踏まえ、右の確認ポイントをチェックしましょう。

なお、この書き換えは処理費の過大請求にもつながる可能性がありますので、もし書き換えがあった場合には、その理由を処分業者に確認しましょう。

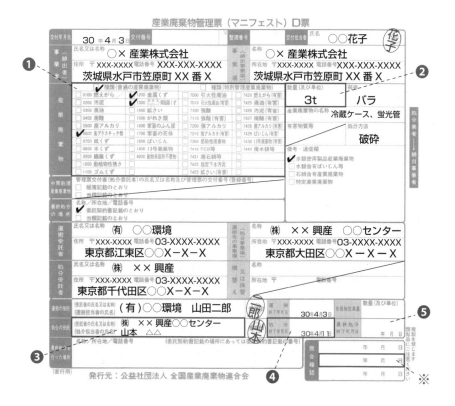

確認ポイント	
❶	・産業廃棄物の種類欄を書き換え、追記されていないかを確認 ・もし書き換えられた場合は、処分業者にその理由を確認
❷	・数量記入欄を書き換えられていないかを確認 ・もし書き換えられた場合は、処分業者にその理由を確認
❸	・処分委託先の処分業者名と、担当者名があるかを確認（平成17年10月の法改正により担当者名に加えて会社名も追加された）
❹	・処分業者によって処分が終了した年月日を確認
❺	・このD票は中間処理の報告書の位置づけであるため、ここの最終処分終了年月日には通常は記入されない ・しかし自治体の中には、C1票からこの最終処分終了日を記入することを求めている自治体があるので、その場合にはD票のこの欄にも記入がある。よって、D票に最終処分終了年月日が記入されていても決して間違いとは限らない

| 注意
※ | ・マニフェストA票の交付日から起算して90日（特別管理産業廃棄物は60日）以内にD票が返送されない場合、
もしくは、
・マニフェストに虚偽記載などがあって不適正処理された可能性のある場合、その事実関係を確認する
・不適正処理が行われた場合には、環境省令で定めるところにより、「措置内容等報告書」にて、当該返送期日から起算して30日以内に各自治体に報告する必要がある（法第12条の3第8項） |

5 マニフェスト

⓰ マニフェストのE票の確認ポイント

　マニフェストE票の確認ポイントも、最終処分終了日だけではありません。このE票に最終処分業者名が記載されているのであれば、委託契約書の最終処分先と一致しているかも確認します。

　もし委託契約書の最終処分先と不一致であれば、その中間処理業者に事実確認をしておきましょう。また、その中間処理業者の対応があいまいだった場合には、その業者の管理面を疑ってもいいかもしれません。

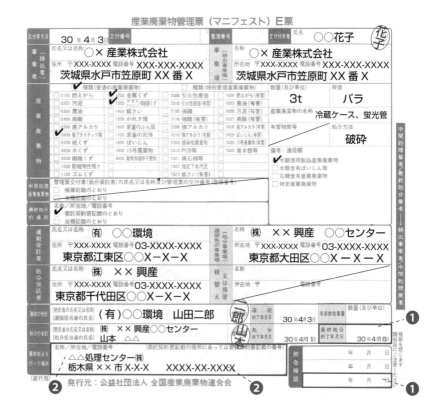

	確認ポイント
❶	・最終処分業者によって最終処分が終了した年月日を確認 ・D票の処分終了年月日と比較して、この最終処分終了年月日が物理的に可能かを見定める（D票の中間処理終了日とE票の最終処分終了日が同日になっているなど、物理的に不可能な処分終了日が記入されていないか）
❷	・最終処分を行った場所が、中間処理委託契約書の最終処分先と整合しているかを確認 ・もし、この欄などで最終処分先が記入されずに、「委託契約書記載のとおり」欄のみがチェックされている場合は、委託契約書に記載される最終処分先一覧の中のどれかになるはずである。最終処分業者によって不適正処理された場合には排出事業者責任が問われるため、また、最終処分業者への監査のための情報として、可能であれば最終処分を行った場所は明らかにしておきたい

注意 ❶	・マニフェストA票の交付日から起算して180日以内にE票が返送されない場合、 もしくは、 ・マニフェストに虚偽記載などがあって不適正処理された可能性のある場合、その事実関係を確認する。 ・不適正処理が行われた場合には、環境省令で定めるところにより、「措置内容等報告書」にて、当該返送期日から起算して30日以内に各自治体に報告する必要がある（法第12条の3第8項）
注意 ❷	＜中間処理業者での処理後にすべて売却される場合＞ ・この場合には、中間処理業者が最終処分業者となる ・よって、この欄の「最終処分を行った場所」には、中間処理業者の名称と所在地（処分事業場）が記入される

5 マニフェスト

⑰ 事実確認

　さて、マニフェストB2票、D票、E票が期日以内に返送されてこなかったり、返送されたものの虚偽の記載の可能性がある場合、どのように対処すべきでしょうか。

　その場合には事実確認をするために、まず処理業者に問い合わせることが必要になります。さらに、もし生活環境上の支障が生じるような場合には、それを除去することや発生防止策を講じなければなりません。

⑱ 措置・報告

　前述のような問題が発生した場合、排出事業者はその状況を把握し、必要な対策をとらなければなりません。また、その対策の内容等をまとめた**「措置内容等報告書」**[*1]を所管の自治体へ提出する必要があります。

　もし、マニフェストが期限を過ぎても返送されない、もしくは虚偽の記載の可能性があるのにその事態を放置し、処理業者に必要な指示・催促をしていない場合には、改善命令や措置命令の行政処分が科せられる可能性がありますので注意しましょう。

措置内容等報告書

年　月　日

○○県知事　様

　　　　　　　　　　　　　報告者　　　住所
　　　　　　　　　　　　　　　　　　　氏名
　　　　　　　　　　　　　　　　　　　（法人にあたっては、名称及び代表者の氏名）
　　　　　　　　　　　　　　　　　　　電話番号

廃棄物の処理及び清掃に関する法律施行規則第8条の29の規定に基づき、次のとおり報告します。

管理票	交付番号	① 0123456789　② 1234567890　③ 2345678901（計3回交付）
	交付年月日	① 平成×年4月1日　② 平成×年5月1日　③ 平成×年6月1日
運搬又は処分を委託した産業廃棄物の種類		1　特別管理産業廃棄物（　　　　　　　　　　　　　　　　　） 2　その他の産業廃棄物（廃プラスチック、紙屑、木くず　　　）
運搬又は処分を委託した産業廃棄物の数量		① ○市×町1番2号　10㎡ ② ○市×町3番4号　15㎡ ③ ○市×町5番6

*1　**措置内容等報告書**：「管理票交付者は、…の規定による管理票の写しの送付を受けないとき、これらの規定に規定する事項が記載されていない管理票の写し若しくは虚偽の記載のある管理票の写しの送付を受けたとき、…適切な措置を講じなければならない。」（法第12条の3第8項、第12条の5第10項）　また、「管理票交付者は、…生活環境の保全上の支障の除去又は発生の防止のために必要な措置を講ずるとともに、…報告書を都道府県知事に提出するものとする。」（法施行規則第8条の29）

●事実確認

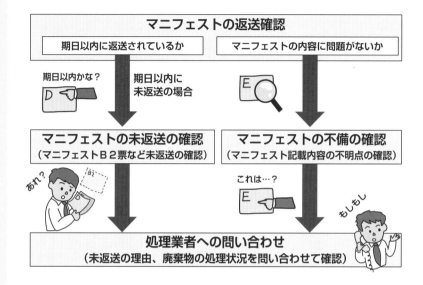

●措置・報告

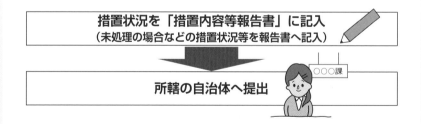

5 マニフェスト

⑲ マニフェストの保存

　排出事業者が保存しなければいけないマニフェストは、A票、B2票、D票、E票であり、保存期間は5年間です[*1]。

　また、保存の方法は、A票からE票までをセットにして保存することが望まれます。セットで保存する理由は、このような保存方法であれば、どのマニフェストが未返送なのかがすぐにわかるからです。右のようにA票を先頭にしてB2票、D票、E票の順番で保存することをおすすめします。

⑳ 産業廃棄物管理票交付等状況報告書

　排出事業者は、産業廃棄物を排出する事業場ごとに前年度1年間（前年の4月1日～3月31日）のマニフェストの交付状況を「**産業廃棄物管理票交付等状況報告書**」[*2]に記入し、各自治体へ6月末までに提出しなければなりません。

　ただし、これは紙マニフェストで交付した場合のことであり、電子マニフェストについてはJWNETが排出事業者に代わって報告してくれますので、電子マニフェストの場合は不要となります。

※注意1：各自治体により報告の書式が多少違う場合がありますので、各自治体のホームページなどを確認してから作成するとよいでしょう。

※注意2：この報告を行わない場合の罰則としてはマニフェストの未交付と同じ罰則の1年以下の懲役もしくは100万円以下の罰金となりますので、1枚でも紙マニフェストを交付したら、所管の自治体に報告する必要があります。

---

*1　**マニフェストの保存**：「…管理票交付者は、当該管理票の写しを当該交付をした日から環境省令で定める期間（5年間（法施行規則第8条の21の2））保存しなければならない。」（法第12条の3第2項：要約）

*2　**産業廃棄物管理票交付等状況報告書**：事業場ごとに前年度1年間のマニフェスト交付等の状況（産業廃棄物の種類及び排出量、マニフェストの交付枚数等）について、都道府県知事等への報告が義務付けられている。「管理票交付者は、環境省令で定めるところにより、当該管理票に関する報告書を作成し、これを都道府県知事に提出しなければならない。」（法第12条の3第7項）

●マニフェストの保存

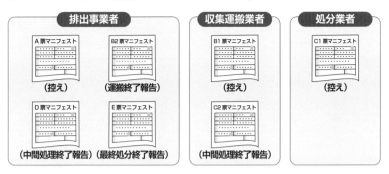

●産業廃棄物管理票交付等状況報告書

様式第三号　　（第八条の二十七開係）

<table>
<tr><td colspan="9" align="center">産業廃棄物管理票交付等状況報告書（平成　年度）　　　　　　　　平成　　年　　月　　日</td></tr>
<tr><td colspan="9">都道府県知事　　殿
（市長）

　　　　　　　　　　　　　報告者
　　　　　　　　　　　　　住　　所
　　　　　　　　　　　　　氏　　名
　　　　　　　　　　　　　（法人にあっては名称及び代表者の氏名）
　　　　　　　　　　　　　電話番号</td></tr>
<tr><td colspan="9">　廃棄物の処理及び清掃に関する法律第12条の3第6項の規定に基づき、　　年度の産業廃棄物管理票に関する報告書を提出します。</td></tr>
<tr><td colspan="6">事業場の名称</td><td colspan="2">業種</td><td></td></tr>
<tr><td colspan="3">事業場の所在地</td><td colspan="6">電話番号</td></tr>
<tr><td>番号</td><td>産業廃棄物の種類</td><td>排出量（t）</td><td>管理票の交付枚数</td><td>運搬受託者の許可番号</td><td>運搬受託者の氏名又は名称</td><td>運搬先の住所</td><td>処分受託者の許可番号</td><td>処分受託者の氏名又は名称</td><td>処分場所の住所</td></tr>
<tr><td>1</td><td></td><td></td><td></td><td></td><td></td><td></td><td></td><td></td><td></td></tr>
<tr><td>2</td><td></td><td></td><td></td><td></td><td></td><td></td><td></td><td></td><td></td></tr>
<tr><td>3</td><td></td><td></td><td></td><td></td><td></td><td></td><td></td><td></td><td></td></tr>
<tr><td>4</td><td></td><td></td><td></td><td></td><td></td><td></td><td></td><td></td><td></td></tr>
</table>

備考
1　この報告書は、前年4月1日から3月31日までに交付した産業廃棄物管理票について6月30日までに提出すること。
2　同一の都道府県（政令市）の区域内に、政経式報理であり、又は所在地が一定しない事業場が2以上ある場合には、これらの事業場を1事業場としてまとめた上で提出すること。
3　産業廃棄物の種類欄及び委託先ごとに記入すること。
4　業種には日本標準産業分類の中分類を記入すること。
5　運搬又は処分を委託した産業廃棄物に石綿含有産業廃棄物が含まれる場合には、「産業廃棄物の種類」の欄にその旨を記載するとともに、各事項について石綿含有産業廃棄物に係るものを明らかにすること。
6　処分場所の住所は、運搬先の住所と同じである場合には記入する必要はないこと。
7　区間を区切って運搬を委託した場合又は受託者が再委託を行った場合には、区間ごとの運搬受託者又は再受託者についてすべて記入すること。

（日本工業規格　A列4番）

- 1 -

5 マニフェスト

㉑ 電子マニフェスト

電子マニフェスト制度とは、（公財）日本産業廃棄物処理振興センターが運営する情報処理センターにパソコンや携帯電話などから電子化したマニフェスト情報を登録し、情報のやり取りをするものです。この電子マニフェストシステムはJWNETと呼ばれています。

処理の終了報告が電子メールなどで排出事業者に通知され、データ管理は情報処理センターで行われることから、マニフェストの保存は必要ありません。電子マニフェストを利用するためには、排出事業者、収集運搬業者、処分業者の三者が事前に加入手続きを行う必要があります。

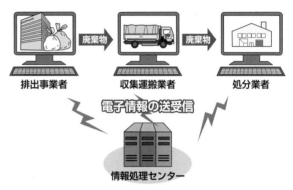

※特別管理産業廃棄物の多量排出事業者はこの電子マニフェストへの登録が義務化されている（2020年4月施行。第7章参照）

●電子マニフェストの注意点

電子マニフェストを利用する際には、下記の点に注意する必要があります。

項目	取扱い方法
1）電子マニフェストの登録期限	産業廃棄物を引き渡した後、3日以内にJWNETに登録しなければならない
2）マニフェストの保管	JWNETが管理・保管するため、マニフェストの保管は不要
3）「産業廃棄物管理票交付等状況報告書」は不要	JWNETが排出事業者に代わって報告してくれるので、電子マニフェスト交付分の報告は不要
4）紙マニフェストに代わる「受渡確認票」などが必要	「受渡確認票」は収集運搬業者が携帯電話等で、JWNETなどにアクセスできる環境であれば、特には必要なし

電子マニフェストのメリット

● 記載漏れが防げる
● 処理終了の報告が情報処理センターから行われ、照会が容易
● 紙マニフェストのようなマニフェストの保存義務がない
● 産業廃棄物管理票交付等状況報告書も情報処理センターから行政側に報告されるため、提出義務がない

●電子マニフェストの流れ

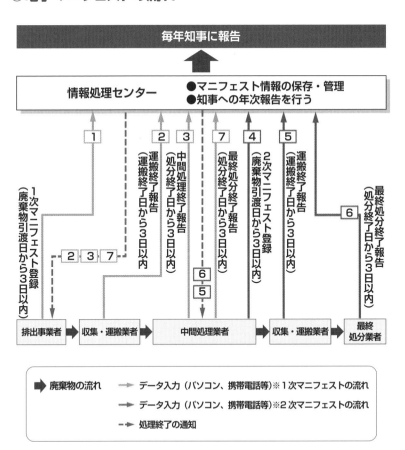

❶ マニフェストを紛失した場合

マニフェストのB2票、D票などを紛失してしまったと耳にすることがあります。その対応としてよく行われてしまうのが、「マニフェストを始めから差し替える」という行為です。

でもこのような対応は、本当は間違っています。マニフェストは廃棄物と常に一緒に動かなければならないという大前提があるのと、法律では交付したA票はその他の伝票の基となる伝票、つまりB1票〜E票はA票の複写になりますので、A票を差し替えることはできないのです。

では、紛失した場合はどのような対応をとればよいのでしょうか?

もしB2票を紛失した場合は、直前のB1票、もしくはA票をコピーして、タイトルのところを二重線で消して「B2票」と書く、というのが正しいやり方です。

前述のとおり、廃棄物処理法では、B1票〜E票までは最初に書いたマニフェストA票の"複写"になっているので、マニフェストを始めから差し替えるのは誤りとなります。

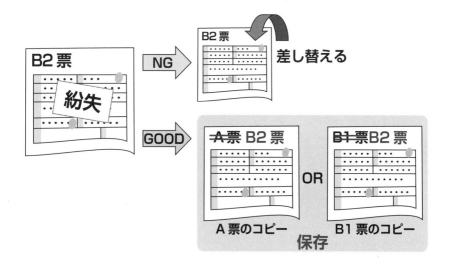

❷マニフェスト交付なしでは受託禁止（処理業者）

　平成 23 年4月の法改正により、処理業者が排出事業者からマニフェストの交付を受けることなく処理を受託することが明確に禁止されました。

　前述のとおり、廃棄物とマニフェストは常に一緒に動くという前提からも、法改正以前からマニフェスト未交付での処理の受託は禁止と解釈されてはいましたが、この法改正で明確に禁止が明文化されました。

　それでも処理業者としては、マニフェストの交付がないからといって処理の受託を断れば顧客離れにもつながりかねませんので、マニフェスト未交付でも処理を引き受けることが実はよくあります。そのような処理業者に対して、営業停止 30 日間などの行政処分が下されることは少なくありません。

　したがって、排出事業者としては、収集運搬業者がマニフェストをもっていない場合に備えて余分にマニフェストを用意しておくことをおすすめします。

コラム 17 電子マニフェストのよくある間違い

❶電子マニフェストのよくある間違い

電子マニフェストは「遵法」という認識が世の中に広く浸透しているからか、電子マニフェストに関する運用は"ノーチェック"という会社が多いのではないでしょうか。

しかしながら、違法とはならないまでも、ちょっとしたヒューマンエラーで間違いを修正できなくなる事態もよく発生しています。ここではその一例を紹介します。

Q：電子マニフェストにおいて、一番多いのは何の間違いでしょうか？ また、マニフェスト情報を修正できなくなるのは何日以上経過したときでしょうか？

A：廃棄物の数量の**単位**（例：kg？ t？ m³？）／登録日から起算して **180日**以上

❷電子マニフェスト情報の修正

電子マニフェスト情報は、次の条件をすべて満たす場合に「確定情報」として管理されることになり、確定情報となったマニフェスト情報は修正・取消等の操作を行うことができません。

確定情報になる条件
・マニフェスト情報登録日より180日以上経過している。
・運搬終了報告、処分終了報告、最終処分終了報告のすべてが終了している。
・修正・取消の要請状態ではない。
・最終更新日より10日以上経過している。

このような入力の間違いや間違いを修正できない事態が起こらないように、半年に1回以上は電子マニフェストの登録内容を確認することをおすすめします。

コラム 18 "報告不要"の電子マニフェスト

❶電子マニフェスト登録等状況報告からの除外

例えばパソコンなどの情報含有機器について、物理的破壊を行うためだけに処理業者に売却する場合にも、電子マニフェストで運用するケースがあるのではないでしょうか。

その場合、次の方法をとらないと、他の廃棄物と同様に6月末にマニフェスト交付等状況報告として自動的に自治体への報告が行われてしまいます。

マニフェスト制度では、一般廃棄物や広域認定制度・再生利用認定制度に係る産業廃棄物についても、マニフェスト交付・登録は不要とされていますが、電子マニフェストでも電子マニフェスト登録等状況報告から除外する仕組みが設けられています。

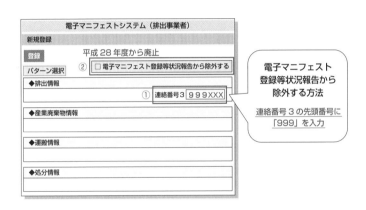

❷電子マニフェストと紙マニフェストの行政報告の比較

●電子マニフェスト 😊 らくらく！

- 電子マニフェスト登録分は、情報処理センターが都道府県知事・政令市長に報告を行うため、排出事業者の報告は不要
- 情報処理センターは、排出事業者が前年度1年間に登録したマニフェスト情報について、毎年6月30日までに「電子マニフェスト登録等状況報告書」を自治体に報告

●紙マニフェスト 😣 たいへん…

- 排出事業者は、事業場ごとに産業廃棄物管理票交付等報告書（様式第3号（法施行規則第8条の27関係））を作成し、管轄する都道府県知事・政令市長に提出

6 廃棄物の保管

排出事業者は、自社で廃棄物を保管する場合、保管基準に従って保管することが
必要です[*1]。

廃棄物の保管は右図の手順で進めますが、ポイントとしては大きく3つあります。

①廃棄物の保管場所を示す掲示板の設置

②廃棄物を飛散させない措置

③廃棄物の保管場所における高さ制限

産業廃棄物保管場所		
廃棄物の種類		汚泥、金属くず 廃プラスチック
数量		
管理者	氏名	○○○
	連絡先	○○○
保管の高さ		

---

*1　**廃棄物の保管基準**：法第12条第2項の規定による産業廃棄物保管基準は、次のとおりとする。
「一　保管は、次に掲げる要件を満たす場所で行うこと。
　　イ　周囲に囲いが設けられていること。
　　ロ　見やすい箇所に次に掲げる要件を備えた掲示板が設けられていること。（以下略）」（法施行規則第8条）

●廃棄物の保管の手順

手順1	**廃棄物保管場所を設定** 場内の危険でない場所に廃棄物保管場所を設定 （可能であれば壁がある場所）

手順2	**廃棄物を飛散させない措置** 廃棄物が飛散しないようにブルーシートで被うか、 フレコンに入れるなどの措置

手順3	**保管場所を示す掲示板の設置** 「産業廃棄物保管場所」を示す看板の設置

手順4	**保管量過多にならないような搬出計画** ・保管量が過多になると廃棄物の飛散が懸念 ・事業にも影響が出ないような搬出予定を計画

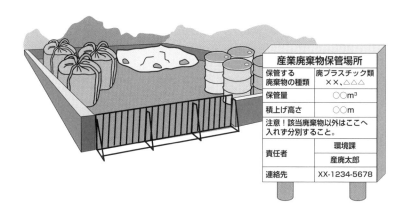

産業廃棄物保管場所	
保管する 廃棄物の種類	廃プラスチック類 ××、△△△
保管量	○○m³
積上げ高さ	○○m
注意！該当廃棄物以外はここへ 入れず分別すること。	
責任者	環境課
	産廃太郎
連絡先	XX-1234-5678

6 廃棄物の保管

❶保管場所を示す掲示板の設置

廃棄物の保管場所に、右図（上）のような縦60cm以上、横60cm以上の大きさの掲示板に必要事項を記入して設置します。この掲示板は手軽にインターネット等で購入することもできます。

❷廃棄物の飛散防止措置

廃棄物が飛散しないような措置を講ずる必要があります。具体的には、例えば廃プラスチックのようなものは屋内の保管場所で保管するか、屋外であればブルーシートなどで被って飛散しないような措置をとります。

また、感染性のような特別管理産業廃棄物については、密閉された容器に保管するなどして飛散しないようにします。

❸廃棄物保管場所の高さ制限

廃棄物の保管の高さには、飛散させないなどの理由から制限があります。

右図（下）のように、保管場所の壁の高さよりも50cm低くすることや、壁のない側面からの勾配などについて制限が設けられています。

また、特別管理産業廃棄物のように容器が密閉されていれば高さ制限はないものと解釈されていますが、許容範囲はあると思われますので、安全面を考慮してある程度の高さにとどめておくとよいでしょう。

◉掲示板の設置

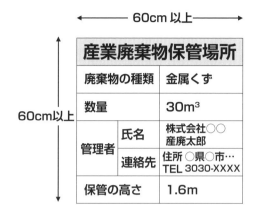

産業廃棄物保管場所		
廃棄物の種類		金属くず
数量		30m³
管理者	氏名	株式会社○○ 産廃太郎
	連絡先	住所 ○県○市… TEL 3030-XXXX
保管の高さ		1.6m

60cm 以上
60cm以上

◉廃棄物の飛散防止措置

◉保管場所の高さ制限

廃棄物の高さを壁よりも低くし、勾配もゆるやかにすること。

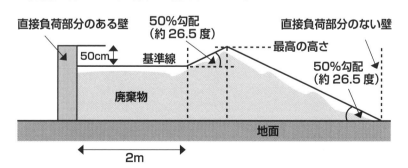

直接負荷部分のある壁　50%勾配（約26.5度）　直接負荷部分のない壁
50cm　基準線　最高の高さ　50%勾配（約26.5度）
廃棄物　地面
2m

学くんの成長日記 ── 第4章のまとめ

この章では、次のことを学びました。

● 委託契約書と許可証の写しの管理

● マニフェストの管理

● 廃棄物の保管

みどりさんの
ワンポイント アドバイス！

さあ、この章で説明した実務のほとんどすべてが廃棄物処理法で定められていることだけど、ちゃんと理解できたかな？

こんなにたくさんの実務が法律で決まっているなんてびっくりしました。でもなんでこんなに細かく法律で定められているんだろう？

確かにそうね。やっぱり廃棄物は売れるものではないから、不適正に扱われやすいのね。最悪の場合、不法投棄されてしまうこともある。それを予防するための厳しい規制なんでしょうね。

そうか。第1章でもあったように、許可をもった処理業者でも不適正処理をすることがあるんですもんね。だから委託契約書の記載事項が法律で決まっていたり、毎回マニフェストを交付しなければいけないんだ…。

そうね。でも処理業者もいい加減な処理業者が多くて、契約を締結しなかったり、マニフェストの交付は月にまとめて1枚でOK、なんていう処理業者が実際にまだまだいるのよ。だから排出事業者が自分の身を守る意味でも、この実務は頭に入れておかなければいけないのよ。

わかりました！　この本を最後まで読んだら、またこの章を繰り返し読んでしっかり覚えたいと思います。でもなんで委託契約書やマニフェストを5年間も保存する必要があるんでしょうか？

不法投棄事件は数年経過して発見されるケースが多いから5年間も保存義務があるのかもしれないわね。不法投棄があったら、自治体としてはもともとの排出者が誰かを特定しなければならないし…。

なるほど。廃棄物の実務にたくさんのルールがあるのはそれなりの背景や理由があるんですね。でもうちの事務所は狭いからマニフェストの保管スペースもあんまりとれないし、さらにマニフェストを交付する際の立ち会いがなかなかできません。どうしたらいいでしょう？

そうねぇ。そんな場合には電子マニフェストがおすすめね。電子マニフェストなら保管スペースもいらないし、マニフェストの交付時も排出現場に立ち会わなくてもいいから。さて、次からは不適正処理を予防するための処理業者への実地確認（監査）について学んでいきましょう！

はい！　次はいよいよ監査ですね。はじめてなのでイロハから教えてください！

第5章

処理業者への実地確認（努力義務編）

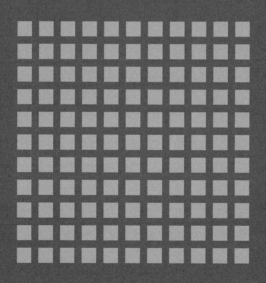

第 4章の廃棄物の実務は法的に義務づけられたものですが、この章では法律上は排出事業者の努力義務となっている実地確認（監査）について見ていきます。努力義務とはいえ、排出事業者のリスク最小化には「処理業者への監査」は最適といえますので、その手順や事前準備、チェックシートや報告書、監査のポイントなどを詳しく見ていきましょう。

1. 監査の方法

　監査を行うにはしっかりした準備が必要です。まずは監査の目的、体制などについて理解し、監査先の選定から、事前準備、監査実施、報告書作成までの手順を押さえておきましょう。そして監査に用いる「事前調査シート」「現地監査チェックシート」、監査後の「監査報告書」のサンプルを見ながら、監査のポイントを確認します。

2. 収集運搬業者への監査

　処理業者への監査と聞けば中間処理業者への監査がすぐに思い浮かぶと思います。しかし収集運搬業者による不適正処理も実は多いのです。例えば許可を得ていない場所で積替保管を行うという不適正事例が挙げられます。そのような収集運搬業者を見抜く監査ポイントなどを見ていきます。

3. 処分業者への監査

　中間処理業者、最終処分業者は排出事業者の目が届かないため、不適正処理をして簡単に儲けることができます。そのような不適正処理や処分業者の管理体制を見抜くチェックポイントを見ていきます。

◉処理業者への監査のポイント

① 社内

社内ルール
・監査先の選定方法
・頻度などのルールの策定
・監査当日までの事前準備となる
　事前調査シートの処理業者への送付
・監査時の持ち物などの準備

② 監査当日の前

廃棄物を目で見て確認する

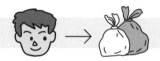

③ 監査当日

収集運搬業者での監査		処分業者での監査	

車両の確認	積替保管場所での監査	設備の確認	マニフェストなどの書類の確認

④ 会社に戻った後

監査報告書を作成し、
写真の画像も記録する

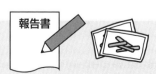

1 監査の方法

第 2章でも述べましたが、リスクを最小化させるうえでぜひとも行ってほしいこと、それは処理業者への実地確認（監査）です。

この実地確認については、廃棄物処理法では努力義務[*1]となっていますので必須ではありませんが、環境省からの通知でも監査が推奨されています。さらに自治体によっては、処理委託前の実地確認等を義務づけている場合もあります（資料編参照）。

したがって、排出事業者責任を全うする意味でも、実地確認を行い処理業者の適正処理を確認することにより、リスクの最小化に努めることをおすすめします（以下、本章では実地確認のことを「監査」といいます）。

監査の手順は右図のとおりです。

ここでは監査の概要を説明し、そのあとに収集運搬業者、中間処理業者、最終処分場それぞれの監査ポイントを詳しく解説していきます。

*1 **排出事業者の実地確認（努力義務）**：「事業者は、前二項の規定によりその産業廃棄物の運搬又は処分を委託する場合には、当該産業廃棄物の処理の状況に関する確認を行い、当該産業廃棄物について発生から最終処分が終了するまでの一連の処理の行程における処理が適正に行われるために必要な措置を講ずるように努めなければならない。」（法第12条第7項）

◉監査の手順

| 手順1 | **廃棄物を目で見て確認**
・廃棄予定の廃棄物を目で見て確認
・廃棄物の品目、量、荷姿なども確認 |

▼

| 手順2 | **処理業者の中から監査先を選定**
今年はどこの処理業者を監査するのか年間で計画 |

▼

| 手順3 | **事前準備**
・監査当日を迎える前の事前準備
・事前調査シートやマニフェスト返送状況などを確認 |

▼

| 手順4 | **監査の実施**
・確認すべきポイントをつかんでの監査
・できるだけ監査側に主導権 |

▼

| 手順5 | **監査報告**
・監査報告書を作成
・写真も合わせて記録 |

第**5**章

処理業者への実地確認（努力義務編）

169

1 監査の方法

❶監査を行う目的

　監査は、右図（上）のように、処理業者による不適正処理などのリスク最小化を目的として掲げれば、社内や処理業者に対しても行いやすくなるものと思われます。

❷監査は定期的に

　監査は、一度行けばよいということではなく、定期的に行う必要があります。なぜなら、処理業者は処理フローをよく変えることもありますし、その会社の財政状況や売却される資源相場の下落などの外部環境が変化すると、途端に"いい加減"な処理を行う可能性があるからです。

　では、"定期的"とはどれくらいの頻度でしょうか？　おすすめする目安として、中間処理業者は年に1回、収集運搬業者、最終処分業者は数年に1回ほどがよいと思います。前項の目的と合わせて社内で決めておくとよいでしょう。

　ただし、委託先の処理業者によって不法投棄等が行われた場合には、この頻度を満たしているからといって排出事業者責任が問われないということはないと思いますので、処理委託する量などに応じて監査の頻度を決めるとよいでしょう。

●監査の目的

実地確認（監査）の目的
・処理業者による不適正処理などのリスクを最小化するため
・適正に処理されていることを目で見て確認するため
・行政処分などの可能性はないか、安心して委託できることを確認

排出事業者の担当者　　収集運搬業者　　中間処理業者　最終処分業者

●監査の頻度

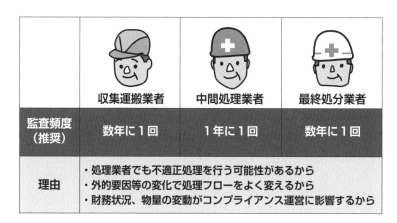

	収集運搬業者	中間処理業者	最終処分業者
監査頻度 （推奨）	数年に１回	１年に１回	数年に１回
理由	・処理業者でも不適正処理を行う可能性があるから ・外的要因等の変化で処理フローをよく変えるから ・財務状況、物量の変動がコンプライアンス運営に影響するから		

1 監査の方法

❸監査の計画・体制

監査対象先の選定、監査員の体制についてのポイントを見ていきます。監査の準備をする前に押えておきましょう。

◉監査対象先の選定、確認

収集運搬業者、中間処理業者は直接の委託先なので業者の情報は把握していると思いますが、最終処分業者のところに監査に行く場合には、マニフェストE票などでどこが最終処分先になっているのかを確認する必要があります。ただ、マニフェストE票に最終処分先が明記されていない場合もありますので、その場合には中間処理業者に問い合わせるなどして確認しておきましょう。

◉監査員の選定

監査員は“誰でもよい”というわけではありません。例えば、ISOの内部監査員はどのように決めているでしょうか？ おそらく監査を行うに足りる能力のある人が教育を受け選定されるのではないでしょうか？ この監査も同じです。もし“誰でもよい”のであれば、ただの工場見学になってしまいます。それでは監査を行ったことにはなりません。そうならないためにも、監査についての教育を一度でも受けた人を監査員に選定することが重要です。

◉監査員の人数

監査員は何人がよいでしょう。可能であれば2人以上での監査をおすすめします。1人だと処理業者の話の流れに乗せられ、適切な監査が行えない可能性もあります。総合的・客観的に判断を行うために、また、監査項目確認の“抜け”や“漏れ”を防ぐためにも、2人以上で監査することが理想といえます。

●監査対象先の選定、確認

●監査員の選定

監査を行うに足りる能力のある人、
もしくはその能力をつけるための
教育を受けた人を選定しましょう。

●監査員の人数

監査員は1人ではなく、
2人以上がおすすめ!

2人以上の監査で総合的な判断が可能

❹監査のルール策定と資料準備

しっかり本質を見抜く監査を行うには「準備次第」といっても過言ではありません。ここでは何を準備しておけばよいのかについて見ていきましょう。

筆者がおすすめするのは、次のようなルールの策定及び書式のひな形の作成です。

◉監査ルールの策定

例えばISOでは内部監査の手順や方法、成果物などは同じような仕組みで運用されますが、この監査においても同様にルールを策定することをおすすめします。

もしこの監査ルールを策定し監査員教育などが的確にできれば、誰が監査しても成果物は同じようになるでしょう。

◉事前調査シート

この事前調査シートは、例えば許可証や処理業者の処理フローの確認など、事前に確認するためのツールとなります。監査当日の現場では必要最小限のチェックになることが予想されるため、できることはあらかじめ整えておきたいところです。そのため事前調査シートの作成・確認をおすすめします。

◉現地監査チェックシート

名前のとおり監査項目のチェックシートとなります。このチェックシートはただチェック項目だけを並べればよいというわけではなく、誰でも同じ監査、確認ができるように、監査項目、判断ポイント、判断基準の3つの項目があるチェックシートがおすすめです。

◉監査報告書

監査を行ったら、その記録を残しておかなければ監査の意味が薄れてしまいます。この記録の方法も、何を記録するのかをルール化し、書式のひな形を作成しておくことをおすすめします。

※次ページ以降に上記の書類の文例を参考までに紹介します。

●監査ルール・事前調査シート・現地監査チェックシート・監査報告書の例

＜監査ルールの策定＞

- ・監査員の選定
- ・手順
- ・持ち物
- ・監査前の準備
- ・監査当日の流れ
- ・監査における判断
- ・報告書の作成
- ・契約締結

などのルール

＜事前調査シート＞

（株）○○様　×年×月×日

項目	回答
許可証	
財務状況	黒字・赤字
行政処分	あり・なし
処理フロー	
…	

返送期限　　×年○月○日

＜現地監査チェックシート＞
×年×月×日

大項目	監査項目	判断ポイント	判断基準
コンプラ体制			
取扱品目			
搬入のルール			
マニフェスト運用			
処理施設の現地確認			

- ・収集運搬業者
- ・中間処理業者
- ・最終処分業者
それぞれのシートを用意

＜監査報告書＞
×年×月×日

項目	
プラス面	…
マイナス面	…
会社案内、書類	添付
写真記録	

1 監査の方法

事前調査シートの例

前ページに解説した「事前調査シート」の例を示します。処理業者が簡単に答えられる書式がよいでしょう（サンプル文書がダウンロードできます）。 　⬇ URL 巻末参照

委託先監査事前調査シート

ご記入日	
社名	
所在地（本社、工場）	--
ご記入者名	
部門、役職	

電話番号		従業員数	
e-mailアドレス		資本金	
売上		（ 　年 　月現在）	
事業内容			

共通事項（収集運搬、処分）

マネジメント体制	環境認証	ISO14001やエコアクション21などの認証取得している。	□YES □NO
		YES→具体的には？	
	資格取得	事業に必要な資格取得を行って記録も揃っている。	□YES □NO
	危機管理	緊急時の連絡体制、対応手順などが整っている。	□YES □NO
		YES→その内容は？	
	安全対策	危険予知（KY）活動、ヒヤリハットなどを実施している。	□YES □NO
	社員教育	廃棄物の取扱いに関する社員教育を定期的に行っている。	□YES □NO
		YES→その内容は？	
	優良認定	国の認定基準の優良産廃事業者認定を受けている。	□YES □NO
	コンプラ	組織的にコンプライアンスが維持できる仕組みがすでにある。	□YES □NO
		YES→その内容は？	
情報公開	ホームページ	ホームページを作成している。	□YES □NO
		YES→ www.	
	会社情報	産廃情報ネットやHPなどで許可情報や財務諸表などを公開している。	□YES □NO
加入状況	加入団体	業界もしくは地域の団体、協会に加入している。	□YES □NO
		YES→団体名	
	電子マニ	電子マニフェストに加入している。	□YES □NO
		YES→ 番 号、パスワード	加入者番号（ 　　　　　　） 公開パスワード（ 　　　　　）

財務状況	利益	直近2ヶ年の決算の当期純利益（税引後利益）が黒字である。	□YES □NO
取引先	主な取引先（排出事業者）		
行政処分	処分履歴	直近5年間に行政処分が1回以上あった。	□YES □NO
行政指導等	直近の指導	直近3年間に行政処分、行政指導等が些細なものも含めると少しあった。	□YES □NO
		YES→その内容は？	
事故管理	直近の事故	直近1年間での労災事故の件数。	件
		ある場合、その内容	
マニフェスト	返送管理	排出事業者へのマニフェストの返送が早すぎたり、遅れる場合がたまにある。	□YES □NO

収集運搬

	産廃車両	産業廃棄物収集運搬車両の所有台数を記入。	台
車両状況	表示等	全車両に対し産廃の収運車両との表示、許可証の写しなどを積載している。	□YES □NO
	日常点検	車両に対する点検方法などがルール化され、点検の記録がある。	□YES □NO
積替保管	積保施設	積替保管施設があり、定常的にもしくはスポットで積替保管している。	□YES □NO

処分

	処理実績	直近1年間の処理実績	
処理状況	受入品目	直近1年間で受け入れの多い廃棄物の品目	
施設概要	15条許可	廃棄物処理法第15条で定める許可施設がある。	□YES □NO
		YES→具体的には？	
	施設点検	処理施設を定期的に点検し、記録を残している。	□YES □NO
		YES→その内容は？	
	メンテナンス	処理設備のメンテナンス時期が定期的にある。	□YES □NO
		YES→その内容は？	
環境対策	条例規制	条例で求めている環境規制値を理解している。	□YES □NO
	環境規制	振動、騒音、悪臭、排水、大気は規制基準を満たしている。	□YES □NO
処理フロー	フロー管理	自社内の処理フロー及び処理後の委託先の処理フローがある。	□YES □NO
	フロー図	その処理フロー図を事前に送付することが可能である*¹。	□YES □NO
委託先管理	2次委託	2次委託先、3次委託先がある。	□YES □NO
	監査実施	その2次委託先、3次委託先に定期的に監査している。	□YES □NO
	監査記録	監査結果を記録し、保管している。	□YES □NO

＊1　フロー図の事前送付が可能の場合、お手数ですが、本調査シートとともにフロー図の添付もお願いいたします。

ご協力ありがとうございました。

現地監査チェックシートの例

「現地監査チェックシート」の例を示します。

URL 巻末参照

現地監査チェックシート

作成日		監査人	

監査日		TEL	
処理業者		FAX	
住所		委託先担当者	
事業範囲	□収集運搬　□中間処理　□収集運搬＋中間処理　□専ら物（□産廃　□一廃）　□有価物		
処理品目			

	項目	内容	チェック方法	判断基準	評価	備考
処理実績、管理体制	搬入物量	搬入物量の直近3年間程度での増減を確認	自社工場に搬入される有価物、廃棄物の物量の増減を確認する	世の中的な廃棄物物量を鑑みても急激に減少している場合×、その要因に妥当性がある場合△、横ばい以上は○		
	財務管理	直近2年間の決算状況、及び今後の事業計画	事前に入手した決算状況と今後の事業計画を鑑みて、赤字とならないかを確認する	赤字が2期連続で続く可能性があれば×、1期の赤字でやむを得ない理由であれば△、問題なければ○		
	コンプラ管理	組織としてコンプラが維持されるための仕組みがあるか	コンプラの重要性の認識度合いを聞き、そのコンプラが維持管理される仕組みを確認する	仕組みがあり維持管理されている場合は○、不安を覚える場合は△、コンプラの重要性の認識不足などは×		
業務管理	契約書（法定記載事項）	処理委託契約書に法定記載事項が含まれているか	契約書ひな形を確認し、法定記載事項があるかを確認する	法定記載事項が満たされていれば○、記載事項に不安を覚えるのであれば△、満たされていなければ×		
	契約書（契約の締結）	すべての排出事業者と契約締結しているか	スポットであってもすべての排出事業者と契約締結しているか	すべての排出事業者と契約締結していれば○、未締結があれば×		

	項目	内容	チェック方法	判断基準	評価	備考
業務管理	マニフェスト（記載事項）	マニフェストD票、及びE票の書き方が適切か	マニフェストの綴りなどを見せてもらい、記載内容が適切かを確認する	D票、E票の記入の方法などが適切であれば○、記入方法に不安を覚えるのであれば△、不適切であれば×		
	マニフェスト（保存）	マニフェストが5年間以上保管されているか	マニフェストの保存期間が何年間かを確認し、5年以上かを確認する	5年以上の保管であれば○、5年以下であれば×		
中間処理	中間処理場を示す看板	中間処理場の入り口付近に中間処理場である事を示す掲示がなされているか	中間処理業の許可内容が掲示されているかを確認する	掲示されていれば○、掲示がなければ×		
	搬入時の取扱い	すべての廃棄物の受入に関して、受入検査を行っているか	受入検査の有無を確認し、検査の必要性も合わせて確認する	受入検査が適切に行われていれば○、受入品目がマチマチであるにも関わらず受入検査なしであれば×		
	処理後の残さの処分（2次委託）	処理後の廃棄物が適切に保管され、2次委託先への処理委託が適切か	処理後の廃棄物の保管状況を確認し、2次委託先での処理についても適正処理ができていることを確認する	保管場所で適切に保管され、2次委託先での処理が滞りなくできていることを確認していれば○、不安が残れば×		
	処理後の残さの処分（マニフェスト）	処理後の残さについての2次マニフェストの管理が適切か	2次マニフェストを適切に交付し、最終処分先、及び最終処分終了の確認の有無など、現物を見て確認する	2次マニフェストの交付日、最終処分日等が適切であれば○、確認できない、もしくは不適切であれば×		
	最終処分先等への監査	2次委託先及び最終処分先への監査の有無	監査状況を確認し、監査が適切にできているか、監査結果報告書を確認する	監査結果が適切であり問題ないことが確認できれば○、監査結果なし、もしくは不安の残る監査記録であれば×		
	中間処理場場内（整理整頓）	場内が整理整頓され、作業環境が整っているか	5S活動などを行っているか、行っていなくても、それなりの整理整頓ができているかを確認する	場内に廃棄物が乱雑に置かれることなく整理整頓されている場合○、雑多に置かれている場合×		
	廃棄物の保管場所（看板）	廃棄物の保管場所を示す看板、及び保管場所への廃棄物の保管	保管場所を示す看板があり、囲いの中に適切に保管されているかを確認する	看板の掲示、及び囲いの中の適正保管であれば○、看板なしや保管場所が不適切であれば×		

監査報告書の例

「監査報告書」の例を示します。

⬇ URL 巻末参照

委託先監査報告書	作成日	法務部	作成者
	2016年×月×日		

委託先監査会社情報

監査日	2016/×/×	TEL	03-1234-5678
処理業者	株式会社○○	FAX	03-1234-5679
住所	東京都○○区○○ 1－2－4	ホームページ	www.oooo
設立年月日	昭和×年×月 ×日	委託先担当者	○○部 ○○氏
自己資本比率	60%	従業員数	100名（2016年×.×現在）
直近の売上高	決算期：平成 27 年 3 月 百万円		
事業範囲	□収集運搬 □中間処理 □収集運搬＋中間処理 □専ら物（□産廃 □一廃） □有価物		
処理品目	廃プラスチック類、紙くず、木くず、繊維くず、金属くず、ガラ・コン・陶磁器くず、がれき類		

監査人	現地確認	
株式会社○○○ 法務部 ○○○○	□問題なし	□問題あり

添付資料

□ 1.会社案内
□ 2.許可証
□ 3.その他

所感（現地写真は次項参照）※監査メンバー所感

ポジティブ	【設備の維持管理】設備の維持管理が、手順書に基づいて工場責任者の指示のもと運用されている。
	【搬入時検査】搬入時の検査が、目視等による検査で、搬入不可のものは適宜返品されている。
	【処理後の製品】処理後の再資源化物（RPF）の製品を自社の性状分析機で毎日分析している。
	【建屋内作業】騒音、振動及び粉塵の発生する設備はすべて建屋の屋内にあり、対策がなされている。
	【教育】全従業員への安全教育をはじめ、実務担当者への法改正教育も適宜行われている。
ネガティブ	【委託先監査】2次委託先への監査は、自社規定のチェックリスト等に基づく確認は行っているとのことだが、定期訪問や役員挨拶の延長でついでに行われている印象
	【マニフェスト】処分終了のマニフェスト返送ルールについて、現場からの指示方法があまりルール化されておらず、コンプライアンス管理に不安を感じる。
	【油水分離槽】油水分離槽の最終槽が少々汚いため、第1槽を見てみると吸着マットがなかった。吸着マットの設置を求めた。
その他	

総合判定

・吸着マットの設置について、引き続き確認を行うものの、当面の処理委託は可とする。
・上記ネガティブ項目は、次回の重点監査項目に入れて必ず確認する。

現地写真	
処理工場外観（工場看板含む）	処理工場施設
写真	写真
処理施設	作業場
写真	写真
廃棄物保管場所	廃棄物保管場所看板
写真	写真

その他（メモ欄）

❺ 事前準備

　監査前の事前準備、これが実はとても大事なのです。監査当日はあっという間に時間が過ぎてしまいます。処理業者の一方的な案内に流されるところもあり、当日に確認できることはとても限られています。したがって、この事前準備を行うか行わないかによって監査の精度に差が出ることになります。

● 廃棄物の確認

　まず自社の廃棄物を目で見て確認しておきましょう。この確認はついつい省いてしまいがちですが、処理業者へ訪問した際には、当然その廃棄物の荷姿、搬出の頻度などの話にもなりますし、さらに廃棄物の種類はよく"変化"するものです。定常時とは異なる品目が廃棄物になっていることがよくありますので、そのあたりはよく目で見て確認しておきましょう。

● 許可範囲の確認

　処理業者の許可証を確認して、新規処理業者であれば処理委託が可能か、既存処理業者であれば許可内容に変更がないかなどを確認します。

● 事前調査シートの送付

　前述した事前調査シートをここで活用します。監査を行う日の2週間くらい前に事前調査シートを処理業者に送り、調査項目に対する回答を依頼します。このときに必要な書類等の取り寄せもあわせて行います。

● 事前調査シートの返送、対応状況の確認

　事前調査シートの返送を確認し、その内容に問題はないか、返送されるまでの対応状況に問題はないかなどの確認を行います。

● 監査当日までの準備

　監査当日を迎えるにあたって、右表（下）のとおり処理業者のホームページ、会社案内などをチェックし、当日の持ち物の準備などを行います。もし過去に監査が行われていたのであれば、その過去の監査報告書などを確認します。

◉事前準備

事前準備	
廃棄物の確認	許可範囲の確認
種類　量　性状　荷姿	許可証　〇県知事　丸 太郎　印　廃棄物の種類　A、B、C、…
事前調査シートの送付	事前調査シートの返送を確認　対応状況の確認

監査当日までの準備	
事前チェック	持ち物
・処理業者のホームページ ・会社案内 ・許可証 ・産廃情報ネットなど （もしあれば） ・過去の監査報告書など	・許可証 ・事前調査シート ・会社案内 ・カメラ ・当日訪問チェックシート 　など

1 監査の方法

❻監査当日〜監査報告

　さて、次はいよいよ監査当日の流れ、進め方を見ていきましょう。

　まずおすすめしたいのは、事務所での監査です。しかしながら、処理業者はまず現場を見てもらって自分のペースに持ち込み、何とか監査を乗り切りたいと思っているはずです。よって、先に現場の確認をすすめてくるかもしれませんが、監査側のペースで監査を進めていくためにも、事前調査シートの不明点などを整理する意味でも、まず事務所での監査を行いたいものです。

●監査の流れ

オープニング	挨拶など
事務所監査	書類等の確認や、事前調査シートでの未確認事項など
現場監査	処理設備、施設などの確認
クロージング	監査の御礼、軽微な指摘など

●監査における判断方法

　監査では調査項目ごとに、その確認結果を判断しなければなりません。

　例えばマニフェストの確認で、処理業者が保管しておいてはいけないB2票があったとします。そのような場合は、他のマニフェストの保管状態も見せてもらうなど、不適切な管理が定常化していないかをチェックします。

　また、100点の処理業者はいないと思っておいた方がよいでしょう。監査の結果、1つや2つの不備があったとしても、その不備にどのように対処するのかも含めて総合的に判断する必要があります。

　では、何をもって可否の判断を行うのか、これが一概にはいえません。最終的には「人間がもつ五感で判断する」という方法に頼らざるを得ないところもあります。可能な限り多くの処理業者へ監査に行き、その感性を鍛えることが重要です。

●監査報告

　監査報告では、あらかじめ決めておいた記録方法、ひな形に従って報告書を作成します。写真画像を添付し、プラス面・マイナス面、監査結果の可否などを含めて、報告書に記録しておきましょう。また、監査の際に会社案内などをもらっていれば、それも報告書に添付して保管しておくとよいでしょう。

●監査当日の流れ

①	オープニング	・監査主旨の説明と、監査協力のお願い ・監査のタイムテーブルと、その順番の確認	
②	事務所監査	・事前確認での不明点などを確認 ・マニフェストなどの書類確認など 　チェックリストを基に確認 ・現場監査で必要となる情報の入手と整理	マニフェスト
③	現場監査	・搬入から処理工程を経て搬出までを一連で確認 ・チェックリストを基に確認し、承諾を得て写真撮影	
④	クロージング	・監査協力のお礼と、監査所感の申し伝え ・軽微な不適合箇所がある場合、是正後の資料や 　写真送付のお願い ・契約締結などの今後のタスクの整理	

●監査結果の判断

サンプリングの客観的証拠をもって
監査した結果

項目	結果
1	○
2	○
3	△
4	×
5	○

もう一度はじめに立ち
返って確認しよう

不具合なし　　五感で判断

2 収集運搬業者への監査

収集運搬業者への監査について詳しく見ていきます。収集運搬業者が行いうる不適正な行為の一例は右図のとおりです。

❶ 監査を行う理由

収集運搬業者への監査を行う理由は、右図のような収集運搬業者による不適正な行為により、排出事業者にその責任が課されることを未然に防ぐためです。

これから見ていく監査のポイントを押さえてチェックしていきましょう。

●よくある収集運搬業者の不適正事例

・許可以外の敷地での積替保管

・許可地域以外での収集運搬

有り

収運業許可証
東京都知事
東京 太郎

無し

収運業許可証
千葉県知事
千葉 一郎

・委託される廃棄物の種類の不許可

収運業許可証
×県知事 印
馬津 花子

廃棄物の種類
廃プラ、金属くず

汚泥

無許可業者へ委託

毎朝新聞

担当者を書類送検

無許可業者へ
処理委託

187

❷許可証の監査ポイント 1

項目	内容	チェック方法	判断基準
許可証	産廃発生地と、運搬先の都道府県知事等の許可を保有しているか	事前に入手した許可証（写し）と原本が同じかを確認する	・事前入手の許可証（写し）と原本が一致していれば○ ・一致していなければ×
	上記発生地以外の当社の産廃が発生し得る都道府県知事等の許可を保有しているか	産廃発生の可能性のある地域の許可証があるかを確認する	・産廃発生可能性のある地域の許可があれば◎ ・ないものがあれば△

●積込地と荷降ろし地の許可の確認

　収集運搬許可は、積込地と荷降ろし地の都道府県等の許可を有している必要があります。なお、運搬車両が通過する都道府県の許可は不要となります。

●廃棄物が発生する可能性のある地域の許可証の確認（推奨）

　監査では現状の産廃処理スキームの許可内容等の確認となるでしょうが、上のチェック項目のとおり、それに加えて廃棄物が発生する可能性がある地域の許可証も確認することをおすすめします。

　建設業者を例にすると、現在は千葉県内だけで建設工事をしていたとしても、急きょ隣接する茨城県で新たに建設工事をすることになるかもしれません。そうなれば予定外の廃棄物が発生することになります。このように急な廃棄物搬出の可能性がある場合には、その周辺地域の許可状況も確認しておきましょう。

●偽造の許可証の写しに注意!

　たいへん残念なことに、最近は許可証を偽造するケースがとても多くなっています。もし偽造の許可証に騙された場合でも、排出事業者責任が問われ、無許可業者への委託となってしまうことはすでに述べたとおりです。

　したがって、上の監査項目にもあるように、許可証の"原本"を確認することをおすすめします。

◉許可証の写しと原本の確認

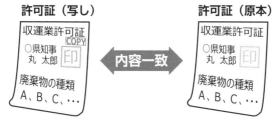

許可証（写し）

収運業許可証 COPY
○県知事
丸 太郎 印
廃棄物の種類
A、B、C、…

内容一致

許可証（原本）

収運業許可証
○県知事
丸 太郎 印
廃棄物の種類
A、B、C、…

※許可証の偽造に注意!

◉通過する都道府県の許可は不要
（＝積込地と荷降ろし地の許可の確認）

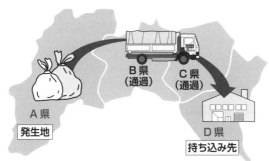

B県
（通過）

C県
（通過）

A県
発生地

D県
持ち込み先

※通るだけの県・B県・C県の許可は不要

◉廃棄物が発生する可能性のある地域の許可証の確認（推奨）

許可証
確認

産廃発生
可能性あり

許可証
確認

産廃発生
可能性あり

収運業許可証
千葉県知事
千葉太郎 印

産廃発生場所

❸ 許可証の監査ポイント2

項目	内容	チェック方法	判断基準
許可証	委託する廃棄物は、許可証に記載される許可品目に含まれているか	許可証に含まれる許可品目と、実際に委託する廃棄物の整合を確認する	・委託する廃棄物が許可品目に含まれていれば〇 ・含まれていなければ×
	許可証の有効期限*1は契約期間内有効か	許可証の有効期限を確認し、2か月未満の場合、更新申請書の写し（受領印付）を確認する	・有効期限が2か月未満の場合は更新申請書の写しを確認できれば〇 ・できなければ△（△の場合、再度申請の有無を確認）

◉すべての許可証の「廃棄物の種類」を確認

委託する廃棄物の種類が、すべての許可証の品目に含まれているかを確認します。前述したように、収集運搬業者が希望する許可品目すべての許可が下りているとは限りません。申請時に排出事業者や品目等が予定されていなければ許可を受けることができないこともあり、許可証ごとに許可品目が異なる場合がありますので、すべての許可証の許可品目を確認しておきましょう。

◉有効期限の確認

上記のような理由により、許可証ごとに有効期限が異なることがありますので、例えばExcel等で管理しておくことをおすすめします。

有効期限が過ぎている場合、もしくは期限が近い場合には、収集運搬業者は更新の申請をしているはずですので、自治体が申請を受理した印鑑（受領印）のある申請書の写しを入手しておきましょう。

---

*1 **許可の有効期間経過措置**：前項の更新の申請があった場合において、許可の有効期間の満了の日までにその申請に対する処分がされないときは、従前の許可は、許可の有効期間の満了後もその処分がされるまでの間は、なおその効力を有する。（法第14条第3項：要約）

●すべての許可証の廃棄物の種類を確認

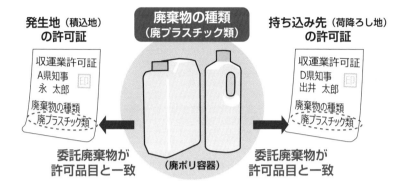

●有効期限の確認

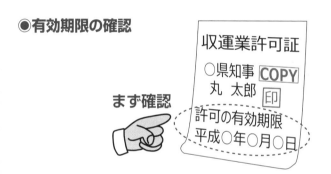

●有効期限が2か月を切っている場合の対応

更新許可申請書のコピーを入手

❹ 車両の監査ポイント 1

項目	内容	チェック方法	判断基準
車両	収集運搬車両に「社名」と「許可番号」、「産廃収運車両」である旨が明記されているか	任意の車両を確認し、車両の両側面に社名と許可番号、産業廃棄物収集運搬車両の明記があるかを確認する	・車両の両側面に「社名」、「許可番号」、「産業廃棄物収集運搬車両」の3つの表記があれば○ ・いずれか1つでもなければ×
	車両には許可証の写しが備え付けられているか	同じく任意の車両に許可証の写しが車内に備え付けられているかを確認する	・許可証の写しが車両の車内に備え付けられていれば○ ・写しが備え付けられていなければ×

◉ 許可を得た車両で運搬しているか

収集運搬業者は許可証があればすべての車両で運搬できるわけではなく、申請時にどの車両で運搬するのかを自治体に届けなくてはなりません。したがって、適正に許可を得ている車両なのかもできれば確認しておきましょう。

◉ 車両へ許可証を備え付けているか

収集運搬業者は、廃棄物を収集運搬している際は車両に許可証（写し）を備え付けておかなければなりません[*1]。監査での確認においては、車両にすべての許可証が備え付けられているかを確認しておきましょう。

[*1]　**車両への許可証の備え付け**：産業廃棄物の収集又は運搬に当たっては、当該運搬車に許可証の写し及び産業廃棄物管理票を備え付けておくこと。（法施行令第6条第1項イ、法施行規則第7条の2の2第3項）

●車両の確認（収集運搬許可を受けた車両の確認）

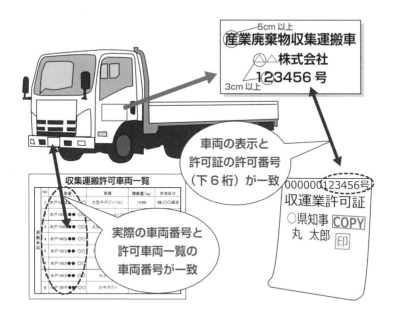

●車両への許可証の備え付け

❺ 車両の監査ポイント２

項目	内容	チェック方法	判断基準
車両	運搬時、委託した廃棄物が落下しない構造の車両を使用しているか	任意の車両の構造を確認する	・腐敗の可能性や、運搬時の廃棄物の飛散などを考慮し、その廃棄物の運搬に適した車両であれば○ ・適した車両でない場合は× ・不安であれば△
	車両は九都県市*¹の排ガス規則対応車両か（※発着経路が九都県市以外の場合は本チェック項目は対象外）	ディーゼル車両の有無を確認し、排ガス規制の車両かを確認する	・5、7ナンバー車両などのディーゼル車が排ガス規則対応できているか、ステッカーなどで対応済であれば○ ・未対応であれば×

◉適切な車両で運搬しているか

　収集運搬の過程で廃棄物の飛散や落下が起きてしまった場合には、排出事業者に対して措置命令の対象となる可能性があります。したがって、委託する廃棄物の形状、性質等に応じた運搬車両であるかの確認を行います。

◉排ガス規制に対応しているか

　排ガス対策のとられている車両かを確認します。その方法としては、ディーゼル車の有無を確認し、排ガス対策車両か、もしくは右図（下）のステッカーが車両へ貼り付けられているかをチェックします。

　この確認の意味は、排出事業者責任というよりも、その収集運搬業者のコンプライアンス姿勢を見るための確認といえます。

＊１　**九都県市**：埼玉県、千葉県、東京都、神奈川県、横浜市、川崎市、千葉市、さいたま市、相模原市の九都県市

◉適切な車両での運搬

①**腐敗の可能性のない**廃棄物

【箱車】

②**腐敗の可能性のある感染性**廃棄物

クーラー
付き

【保冷車】

③その他、**飛散の可能性のある**廃棄物等

飛散してしまうような品目の場合、飛散しないような構造の車両

◉排ガス規制対応車

**粒子状物質減少装置
装着適合車ステッカー**

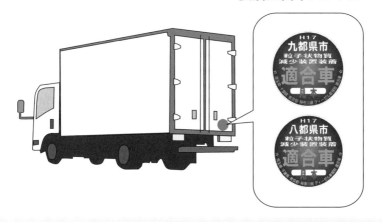

❻車両点検と再委託の監査ポイント

項目	内容	チェック方法	判断基準
車両	車両点検簿が管理されているか	車両点検簿を確認し、各車両の点検が行われているかを確認する	・車両点検簿で車両点検が行われていることが確認できれば○ ・車両点検が行われていないようであれば×
再委託	他の収集運搬業者へ再委託していないか	さりげないヒアリング、及び現場確認で、他の収集運搬業者に委託していないかを確認する	・ヒアリングや現場確認で、再委託がない状況であれば○ ・勝手に再委託されるような状況であれば× ・疑いありであれば△

●車両点検を行っているか

　もし車両点検も行われない車両が使用されると、排出事業場で油が漏れたり、運搬中に故障や事故を起こして廃棄物が路上に散乱してしまうかもしれません。

　それを防ぐために運搬車両の管理ができているかを確認します。車両点検簿の有無、その記録などの運用状況を確認しておきましょう。

●他の運搬業者へ再委託していないか

　一般貨物とは異なり廃棄物の運搬は、不法投棄の温床となり得るという理由で原則的には他の運搬業者に再委託できないこと[1]とされています。

　したがって、他の業者へ再委託が行われていないかを、さりげないヒアリングや、駐車場に他の業者のトラックが停まっていないかなどを見て確認します。

---

[1]　**再委託の禁止**：産業廃棄物収集運搬業者は、産業廃棄物の収集若しくは運搬又は処分を、産業廃棄物処分業者は、産業廃棄物の処分を、それぞれ他人に委託してはならない。（法第14条第16項：要約）

●車両点検簿の確認

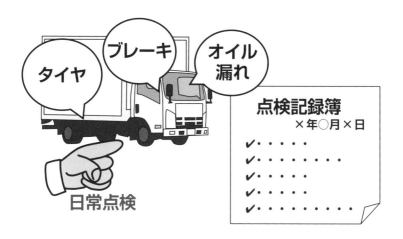

●他の収集運搬業者への再委託

❼マニフェストの監査ポイント

項目	内容	チェック方法	判断基準
マニフェスト	マニフェストの管理は適切に行われているか	収集運搬業者が保管すべきB1、C2票がファイルに保管されているかを確認する	・B1,C2票がファイルに保管されていれば○ ・保管されていなければ× ・A票など保管すべきもの以外が保管されていたら×
		交付から90日（特管物の場合60日）を超えるB2票が保管されていないかを確認する	・90日（特管物の場合60日）を超えるB2票が保管されていれば× ・保管されていなければ○

◉B1、C2票が保管されているか

　収集運搬業者は、B1票（廃棄物の処分場もしくは積替保管施設等への運搬が終わったことの証）を自社で保管し、C2票（運搬を受託した廃棄物が処分業者にて処理されたことの証）を保管することが義務づけられています。

　したがって、委託した廃棄物のB1票・C2票がしっかりファイルに保管されているかを確認します。

◉B2票を期日以内に排出事業者に返送しているか

　収集運搬業者は、収集運搬が終了してから10日以内に、また、交付日から起算して90日以内（特別管理産業廃棄物の場合は60日以内）にB2票などを排出事業者に返送する義務があります[*1]。

　したがって、このマニフェストの取り扱いが適切であるかを確認します。

＊1　**B2票の返送義務**：収集運搬業者は、当該運搬を終了したときは、収集運搬終了日を記載し、環境省令で定める期間内に、管理票交付者に当該管理票の写しを送付しなければならない。（法第12条の3第3項）

◉B1、C2 票の保管を確認

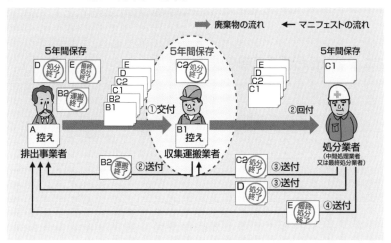

◉期日までに排出事業者にB2 票を返送しているか

交付日から90日（特別管理産業廃棄物の場合60日）以内に返却

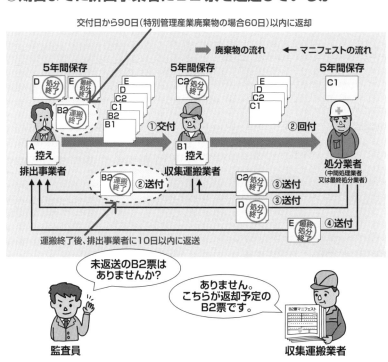

199

❽マニフェストと積替保管の監査ポイント

項目	内容	チェック方法	判断基準
マニフェスト	マニフェスト未交付の場合の対応	さりげないヒアリングで、もしマニフェストが交付されない場合、収集運搬業者としてどうするかを確認する	・マニフェスト未交付でも運搬してしまうのであれば× ・マニフェストが交付されてはじめて運搬するのであれば○
積替保管	【積替保管ありの場合】 積替保管許可を受けている場合は、その事業範囲外のことを行っていないか	積替保管を行っている場合は、現地に行ってその内容に即しているかを確認する	・事業範囲内の営業であれば○ ・範囲外のことを行っている場合は×
積替保管	【積替保管なしの場合】 積替保管許可のない場合は、勝手に積替保管を行っていないか	許可のない場合は、さりげなく質問して無許可で積替保管を行っていないかを確認する	・勝手に積替保管を行っていれば× ・行っていない場合は○

◉マニフェスト未交付の場合はどのように対応しているか

　平成23年4月の廃棄物処理法改正でマニフェスト未交付の場合の処理受託が明確に禁止され、これにより収集運搬業者はマニフェスト未交付での収集運搬を行うことができなくなりました。最近、マニフェスト未交付で運搬する業者に対しては、営業停止などの行政処分が行われることが多くなっています。

　したがって、マニフェストが交付されない場合はどのように対応するのかについて、さりげないヒアリングで確認してみることをおすすめします。

◉積替保管についての適正運用

　積替保管に関する不適正事案は昔からとても多く、依然として勝手な積替保管などが多く行われています。そのため、およそ半数の自治体が、そもそも積替保管の許可を出していません。

　そのため、積替保管の許可を有している収集運搬業者に対しては、その積替保管の施設を確認することはさることながら、積替保管の許可を受けていない収集運搬業者に対しても、監査時に積替保管の有無をヒアリング中に確認しておきましょう。

◉マニフェスト未発行の場合の対応の確認

ヒアリングで確認

監査員　　収集運搬業者

◉積替保管についての適正運用の確認

処分業者への運搬過程で
一旦どこかに荷降ろしすることは
ありますか？

積保許可なし

積保許可あり

廃棄物が山のように野積みされていないか現場を確認

3 処分業者への監査

次は処分業者（以下、中間処理業者と最終処分業者を「処分業者」と呼びます）への監査について詳しく見ていきます。処分業者が行いうる不適正な行為の一例は右図のとおりです。

❶ 監査を行う理由

　先日のビーフカツ等の横流し事件で社会を賑わせたように、処分業者は比較的容易に不適正処理を行ってしまえるような構造になっています。ひとつの理由として排出事業者は毎日のように処理の現場を見ているわけではないからです。したがって排出事業者としては、そのような不適正処理を防ぐために、もしくは環境汚染等による排出事業者責任を問われることのないように、ぜひとも監査を行うことをおすすめします。不適正な行為によってニュース等になり、企業のイメージダウンを予防するためにも監査を有効に活用しましょう。

●よくある処分業者の不適正事例

・廃棄物の過剰保管等による環境汚染

・適正な処理ができず、売却できなかったものを不法投棄

＜具体例＞

▶塩ビ付きの廃プラ　➡　適切なRPF化が
できない　➡　不法投棄

▶設備の能力不足のため
廃液の中和処理が
できていない　➡　基準値以上の
有害物質が
排水に残る　➡　河川の汚染

・処理せずに横流し

ビーフカツ　➡　スーパー　　OA機器　➡　中古市場

排出事業者責任を
果たしていない

毎朝新聞

担当者を書類送検

無責任な
排出事業者
・・・・・・・・

❷許可証の監査ポイント（中間処理業者）

項目	内容	チェック方法	判断基準
許可証	中間処理場の都道府県知事等の許可を保有しているか	事前に入手した許可証（写し）と原本が同じかを確認する	・事前入手の許可証（写し）と原本が一致していれば〇 ・一致していなければ×
	廃棄物を処理する施設の設置許可を保有しているか	施設の設置許可証を確認する	・施設の設置許可が確認できれば〇 ・対象施設にもかかわらず許可がなければ× ・対象施設でなければ「ー」

●許可証の原本の確認

　収集運搬業者と同じように、処分業者についても許可証の原本を確認します。そのほか、廃棄物の種類、有効期限についても念のため確認しましょう。

●施設の設置許可（15条許可）の確認

　一定規模以上の処理能力を備えた中間処理施設（右表）及び最終処分場には、**施設の設置許可**（通称「15条許可」）[*1] が必要となります。

　したがって、委託している中間処理業者の施設が右表に該当する場合、その許可証（施設の設置許可証）を確認しましょう。

[*1]　**施設の設置許可**：「産業廃棄物処理施設（廃プラスチック類処理施設、産業廃棄物の最終処分場その他の産業廃棄物の処理施設で政令で定めるものをいう。以下同じ。）を設置しようとする者は、当該産業廃棄物処理施設を設置しようとする地を管轄する都道府県知事の許可を受けなければならない。」（法第15条）

●許可証の写しと原本の確認

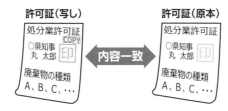

● 15 条許可証を確認

●施設の設置許可が必要な施設の種類と処理能力

	施行令第7条	産業廃棄物処理施設の種類	処理能力※ （いずれかに該当するもの）
中間処理施設	1	汚泥の脱水施設	・10m³/日を超えるもの
	2	汚泥の乾燥施設（天日乾燥以外）	・10m³/日を超えるもの
		汚泥の天日乾燥施設	・100m³/日を超えるもの
	3	汚泥（ＰＣＢ汚染物であるものを除く）の焼却施設	・5m³/日を超えるもの ・200kg/時間以上のもの ・火格子面積2m²以上のもの
	4	廃油の油水分離施設	・10m³/日を超えるもの
	5	廃油（廃ＰＣＢ等を除く）の焼却施設	・1m³/日を超えるもの ・200kg/時間以上のもの ・火格子面積2m²以上のもの
	6	廃酸又は廃アルカリの中和施設	・50m³/日を超えるもの
	7	廃プラスチック類の破砕施設	・5t/日を超えるもの
	8	廃プラスチック類（ＰＣＢ汚染物及びＰＣＢ処理物であるものを除く）の焼却施設	・100kg/日を超えるもの ・火格子面積2m²以上のもの
	8の2	木くず又はがれき類の破砕施設	・5t/日を超えるもの
	9	有害物質を含む汚泥のコンクリート固型化施設	すべての施設
	10	水銀又はその化合物を含む汚泥のばい焼施設	
	11	汚泥、廃酸又は廃アルカリに含まれるシアン化合物の分解施設	
	12	廃ＰＣＢ等、ＰＣＢ汚染物又はＰＣＢ処理物の焼却施設	
	12の2	廃ＰＣＢ又はＰＣＢ処理物の分解施設	
	13	ＰＣＢ汚染物又はＰＣＢ処理物の洗浄施設	
	13の2	産業廃棄物の焼却施設（3,5,8,12にあげるものを除く）	・200kg/時間以上のもの ・火格子面積2m²以上のもの

注意：中間処理工場の中にあるすべての施設が、施設の設置許可対象施設であるとは限らない。上記の処理施設（設備）、処理能力の場合のみ、施設の設置許可が必要となる。（ただし、法定規定の能力を下回る場合でも条例で設置許可が規定されている場合もあるので注意が必要）

❸ 施設管理の監査ポイント（中間処理業者）

項目	内容	チェック方法	判断基準
施設管理	廃棄物処理施設技術管理者は設置されているか	廃棄物処理施設技術管理者がわかる書面を確認する	・書面にて技術管理者の設置が確認できれば〇 ・確認できなければ×
	中間処理施設の維持管理マニュアル等はあるか	中間処理施設の維持管理マニュアルを確認し、その管理記録をみせてもらう	・維持管理マニュアルがあり、記録されていれば〇 ・マニュアルがなければ× ・マニュアルはあるもののその運用に不安を感じる場合は△

◉施設の管理責任者

　中間処理業者は処理設備を何かしら保有していることから、必ず施設の管理責任者を設置しています。

　したがって、その管理者が設置されているのか、またそれは権限を有した者であるのか、さらに資格者証も見せてもらい確認します。

◉処理施設の維持管理マニュアルの有無とその記録

　中間処理施設には、施設の安定稼動、適正処理を維持継続するために、維持管理マニュアルが作成され、日常の管理チェック（記録）がなされるべきです。

　もし委託している中間処理業者で処理が滞った場合には、排出事業者はその業者に処理を委託することができなくなってしまいます。

　それを予防するためにも、施設の維持管理マニュアル等が整っているか、日常管理が業務のルーティン作業として行われているかを確認します。

●施設の技術管理者などが設置されているか

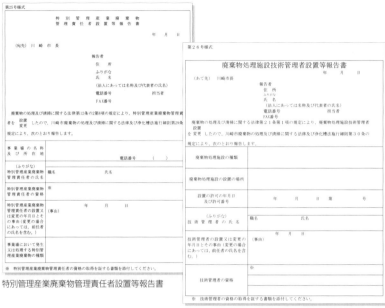

特別管理産業廃棄物管理責任者設置等報告書

廃棄物処理施設技術管理者設置等報告書

出典：川崎市廃棄物関係法令届出様式（2021 年 6 月現在）

●維持管理マニュアルの有無とその記録を確認

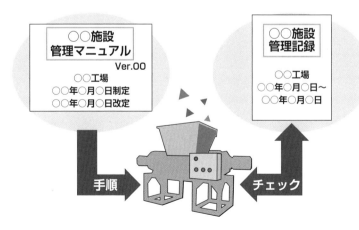

❹処理フローの監査ポイント（中間処理業者）

項目	内容	チェック方法	判断基準
処理フロー	中間処理後の廃棄物の最終処分先など、委託先処理フローが明確か	処理フロー図を受領し、実際に委託する廃棄物がどの委託先に流れるかを現場にて廃棄物を見ながら確認する	・フロー図どおりの説明であれば○ ・フローの説明があいまいであり、不安を覚える場合は△ ・そもそもフロー図がなければ×
	委託する廃棄物がその設備を通るフローになっているか	ヒアリング等で、委託する廃棄物がその設備を通るのかさりげなく確認する	・委託する廃棄物の一部でもその設備を必ず通るのであれば○ ・定常的に通らないのであれば×

◉処理フローの確認

委託した廃棄物が中間処理でどのように処理され、その後、最終的にどのように再資源化、再生、もしくは埋立されるのかなどを確認します。排出事業者責任を果たすという観点からも、適正に処理が行われるかを確認するのは重要です。

◉処理設備の確認

前述の処理フローを確認するのと同時に処理設備を確認します。その確認方法としては、まず事務所で処理設備を処理フロー等で確認してから、現場に行って目で見て確認する方法をおすすめします。

また、委託する廃棄物がその設備を通らない場合には、それが定常的になっていないかなどを確認しておきましょう。廃棄物がその処理設備で処理されないと「処理した」と見なされないため、この確認が必要になります。

●処理フローの確認

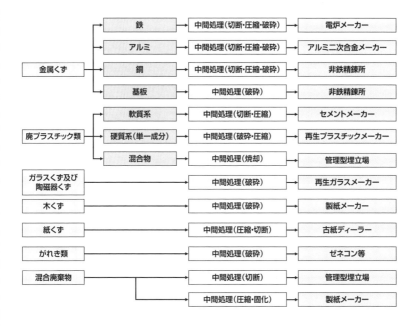

●処理設備の確認

※処理設備の確認後、実際に委託する廃棄物がその設備を通るのかを確認します。

❺ 処理設備の監査ポイント１（中間処理業者）

項目	内容	チェック方法	判断基準
処理設備	排水の測定記録結果が規制値以下であるか	排水の測定記録結果を見せてもらい規制値以下の値であることを確認する（規制値は条例で設定されていることがあるので注意する）	・規制値以下であれば○ ・規制値を超えていれば×
	油水分離槽等の排水処理施設は適切に管理されているか	油水分離槽の中を見て汚れ具合を確認する	・油水分離槽により、油が放流されていない状態が確認できれば○ ・第４槽などが汚く、油が放流されていれば×

◉排水の管理

　中間処理施設の敷地から規制値を超える汚水が排出された場合、環境汚染により処理施設の操業が停止される可能性があります[1]。

　それは廃棄物の受入停止や不適正処理につながり、排出事業者にもその責任が問われ措置命令の対象にもなり得るので、排水の測定記録が規制値以下であるかどうかを確認します。

◉油水分離槽の管理

　中間処理場に油水分離槽がある場合、もしくは油が漏れる可能性の廃棄物を受け入れている場合は油水分離槽を目で見て確認します。

　油分等が場外へ排水されていないかを確認します。右図（中）のような油水分離槽では、特に第４槽をチェックしましょう（最終槽の確認でOKです）。

---

[1]　**改善命令・措置命令の対象者**：この排水などによる環境汚染は、汚染を発生させた者だけが責任を問われるとは限らない。もし中間処理施設などで環境汚染が確認された場合には、行政よりその処分業者に改善命令が下されることになるが、処分業者が何も対応しない場合、もしくは夜逃げしてしまった場合など、排出事業者にもその責任が問われ、措置命令[2]の対象となることもある。

[2]　**措置命令**：生活環境の保全上支障が生じ、又は生ずるおそれがあると認められるときは、都道府県知事は、その事業活動に伴い当該産業廃棄物を生じた事業者に対し、期限を定めて、支障の除去等の措置を講ずべきことを命ずることができる。（法第19条の6）

◉排水の管理

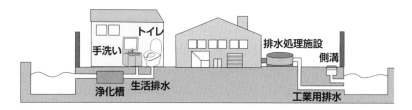

◉油水分離槽の管理

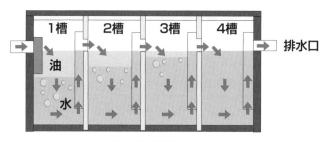

油水分離槽

◉措置命令は排出事業者にも及ぶかもしれない

3 処分業者への監査

❻処理設備の監査ポイント2（中間処理業者）

項目	内容	チェック方法	判断基準
処理設備	排ガス（SO_x、NO_x、ダイオキシン）の測定記録結果が規制値以下であるか	排ガス（SO_x、NO_x、ダイオキシン）の測定記録結果をみせてもらい規制値以下の値であることを確認する（規制値は条例で設定されていることが多いのでその値も確認）	・規制値を満たしていれば○ ・規制値を満たさない場合は×
	中間処理施設のメンテナンス期間、停止期間中の受け入れ体制が決められているか	メンテナンス期間時の受け入れ体制をヒアリングにて確認する（特に焼却施設の場合は1次保管するのか、第2工場へ持っていくのか等の確認が必要）	・何らかの体制があることが確認できれば○ ・確認できなければ×

◉排ガス規制などに対応しているか

中間処理施設が排ガスを排出するような施設（焼却施設など）の場合は、排ガスが規制値以下で排出されているかを確認します。この場合、大気汚染防止法で規制されている数値よりも条例等で地域ごとに上乗せされている例が多いので、その規制値を確認し、規制値以下に抑えられているのかを確認します。

◉メンテナンス期間の受け入れ体制

中間処理施設にメンテナンス期間が設けられている場合、その間に再委託されたり、不適切な処理が行われたりする可能性があるので、メンテナンス時の廃棄物の受け入れ体制について確認します。

●焼却設備の排ガス規制など

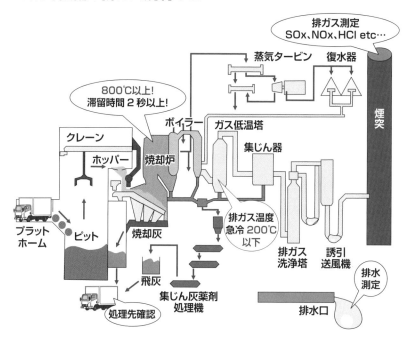

●メンテナンス期間の受け入れ体制

確認のポイント

<メンテナンス期間が長い場合>

①	搬入量を調整して、十分な保管スペースに保管し、メンテナンス後に処理	○
②	同社の他の工場で処理	△
③	通常どおり受け入れして、大量に保管	×

※メンテナンス期間がそれほど長くない場合は、十分な保管スペースがあれば○

<②の場合>
②のケースの場合、すぐに法律違反とはならないが、あらかじめ産業廃棄物の委託契約書の中に処理場として第二工場も記載されていることが前提。記載なき場合は覚書等で処理場の追加が必要。また、第一工場と第二工場がそれぞれ別の地域にある場合、それぞれの自治体の許可証の添付追加も必要であり、搬入先が変わるためマニフェストの「運搬先」の記載等も変更となるので注意が必要である。

❼マニフェストの監査ポイント（中間処理業者）

項目	内容	チェック方法	判断基準
マニフェスト	マニフェストの管理は適切になされているか	C1票が保管されているかを確認する（A票が保管されていたら問題あり）	・マニフェストC1票がファイルに保管されていれば○ ・C1票が保管されていなければ× ・A票が保管されていたら×
		交付から90日（特管物の場合60日）を超えるD票及び180日を超えるE票が保管されていないかを確認する	・90日（特管物の場合60日）を超えるD票、180日を超えるE票が保管されていれば× ・保管されていなければ○
		1次マニフェストと2次マニフェストの紐付け管理が行われているか紐付け管理表を見せてもらい確認する	・紐付け管理表で管理されている実態が確認できれば○ ・確認できなければ×

●マニフェストの適正な運用

　中間処理業者は、廃棄物の中間処理が終わったことの証として処分終了日をC1票に記入して自社でC1票を保管します。その写しになるC2票を収集運搬業者へ、D票を排出事業者へ返送することが義務づけられています。

　したがって、委託した廃棄物のマニフェストA票にあたるC1票がファイルに保管されているかを確認します。また、これから返送するマニフェストD票やE票も見せてもらい、交付日から起算して90日、180日を超えていないかも確認します。

●1次マニフェストと2次マニフェストの紐付け管理

　排出事業者が交付するマニフェストは1次マニフェスト、中間処理業者が交付するマニフェストは2次マニフェストと呼ばれます。その1次マニフェストと2次マニフェストの番号を、Excelや基幹システムで紐付けて管理することが法律で求められています。

　したがって、その管理方法をヒアリングや帳簿によって確認します。

◉マニフェストの適正なる運用

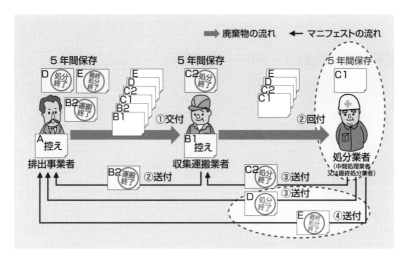

◉1次マニフェストと2次マニフェストの紐付け管理

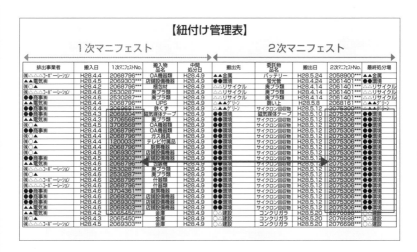

					【紐付け管理表】				
	1次マニフェスト					2次マニフェスト			
排出事業者	搬入日	1次マニフェストNo.	搬入物品名	中間処分日	搬出先	委託物品名	搬出日	2次マニフェストNo.	最終処分場
㈱△△△コーポレーション	H28.4.4	2068796***	OA機器類	H28.4.9	▲▲金属	バッテリー	H28.5.24	2058900***	▲▲金属
▲▲電気㈱	H28.4.5	2069303***	店舗設備機器	H28.4.9	●●環境	蛍光管	H28.4.24	206140***	●●環境
㈱○▲	H28.4.2	2068796***	梱包材	H28.4.9	△△リサイクル	廃プラ類	H28.4.14	206140***	△△リサイクル
㈱△△△コーポレーション	H28.4.6	2530287***	廃プラ類	H28.4.9	△△リサイクル	廃プラ類	H28.4.14	206140***	△△リサイクル
●●商事㈱	H28.4.6	2530287***	廃プラ類	H28.4.9	△△リサイクル	UPS	H28.5.8	206140***	△△リサイクル
▲▲電気㈱	H28.4.4	2068796***	UPS	H28.4.9	▲▲グリーン	洗い出し	H28.5.8	206816***	▲▲グリーン
●●商事㈱	H28.4.4	2069691***	鉄くず	H28.4.9	△△グリーン	サイクロン回収物	H28.5.12	2075390***	●●環境
●●商事㈱	H28.4.3	2069304***	磁気媒体テープ	H28.4.9	●●環境	磁気媒体テープ	H28.5.10	2075306***	●●環境
▲▲電気㈱	H28.4.3	3706568***	廃プラ類	H28.4.9	●●環境	サイクロン回収物	H28.5.12	2075306***	●●環境
㈱○▲	H28.4.5	3706568***	OA機器類	H28.4.9	●●環境	サイクロン回収物	H28.5.12	2075306***	●●環境
●●商事㈱	H28.4.4	2068796***	OA機器類	H28.4.9	●●環境	サイクロン回収物	H28.5.12	2075306***	●●環境
㈱○▲	H28.4.4	2068796***	ガス器具	H28.4.9	●●環境	サイクロン回収物	H28.5.12	2075306***	●●環境
㈱○▲	H28.4.4	1200033***	テレビ付属品	H28.4.9	●●環境	サイクロン回収物	H28.5.12	2075306***	●●環境
●●商事㈱	H28.4.4	2068796***	厨房機器	H28.4.9	●●環境	サイクロン回収物	H28.5.12	2075306***	●●環境
▲▲電気㈱	H28.4.5	2069303***	店舗設備機器	H28.4.9	●●環境	サイクロン回収物	H28.5.12	2075306***	●●環境
●●商事㈱	H28.4.5	2069303***	店舗設備機器	H28.4.9	●●環境	サイクロン回収物	H28.5.12	2075306***	●●環境
▲▲電気㈱	H28.4.6	2068796***	包装機	H28.4.9	●●環境	サイクロン回収物	H28.5.12	2075306***	●●環境
㈱△△△コーポレーション	H28.4.6	2530287***	廃プラ類	H28.4.9	●●環境	サイクロン回収物	H28.5.12	2075306***	●●環境
㈱△△△コーポレーション	H28.4.6	2068796***	什器類	H28.4.9	●●環境	サイクロン回収物	H28.5.12	2075306***	●●環境
㈱△△△コーポレーション	H28.4.6	2068796***	什器類	H28.4.9	●●環境	サイクロン回収物	H28.5.12	2075306***	●●環境
●●商事㈱	H28.4.6	3704361***	厨房機器	H28.4.9	●●環境	サイクロン回収物	H28.5.12	2075306***	●●環境
㈱○▲	H28.4.6	2069303***	店舗設備機器	H28.4.9	●●環境	サイクロン回収物	H28.5.12	2075306***	●●環境
▲▲電気㈱	H28.4.6	2069303***	店舗設備機器	H28.4.9	●●環境	サイクロン回収物	H28.5.12	2075306***	●●環境
▲▲電気㈱	H28.4.2	2065450***	金庫	H28.4.9	○△建設	コンクリガラ	H28.5.20	2076698***	○△建設
㈱○▲	H28.4.3	2065450***	金庫	H28.4.9	○△建設	コンクリガラ	H28.5.20	2076698***	○△建設
㈱△△△コーポレーション	H28.4.5	2069303***	金庫	H28.4.9	○△建設	コンクリガラ	H28.5.20	2076698***	○△建設

❽ 保管場所の監査ポイント（中間処理業者）

項目	内容	チェック方法	判断基準
保管場所	廃棄物が保管されているところに保管場所を示す掲示があるか	実際に廃棄物が保管されているところに、廃棄物の保管場所を示す掲示板があるかを目視で確認する	・掲示のあるところに廃棄物が保管されていれば○ ・掲示のないところに保管されていれば×
	廃棄物の保管は保管場所の塀の高さを超えていないか	廃棄物の保管場所を実際に目視で確認する	・保管基準の高さを超えていたら× ・超えていなければ○
	廃棄物の保管場所はコンクリートにて舗装され、飛散防止策があるか	廃棄物の保管場所を確認し、その保管状況を確認する	・保管場所がコンクリート舗装され、飛散防止されていれば○ ・コンクリート舗装されておらず、飛散の可能性があれば×

◉掲示板の設置

　排出事業者と同様に中間処理業者にも保管場所の表示義務がありますので、廃棄物の保管場所に右図（上）の掲示板が設置されているかを確認します。また、掲示板に記載されるそれぞれの記載事項についても確認しておきましょう。

◉保管場所における廃棄物の高さ制限

　保管場所における廃棄物の高さに制限があることを頭に入れ、その高さを超えていないかを確認します。ただし、中間処理業者においては、一時的に高さを超えてしまうことがよくありますので、そのあたりを理解したうえでそれが定常的になってはいないかを確認するとよいでしょう。

◉コンクリート舗装、飛散対策

　保管場所の地面がコンクリートで舗装されているか、そのコンクリート舗装に大きなひび割れなどないか、飛散防止の対策がされているかを確認します。

◉廃棄物の保管場所を示す掲示板の設置

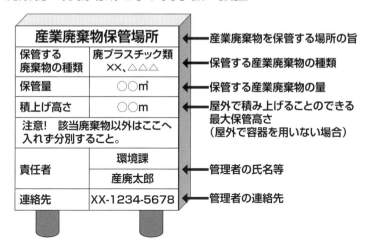

産業廃棄物保管場所		← 産業廃棄物を保管する場所の旨
保管する廃棄物の種類	廃プラスチック類 ××、△△△	← 保管する産業廃棄物の種類
保管量	○○㎡	← 保管する産業廃棄物の量
積上げ高さ	○○m	← 屋外で積み上げることのできる 最大保管高さ （屋外で容器を用いない場合）
注意！ 該当廃棄物以外はここへ入れず分別すること。		
責任者	環境課	← 管理者の氏名等
	産廃太郎	
連絡先	XX-1234-5678	← 管理者の連絡先

◉保管場所における廃棄物の高さ制限

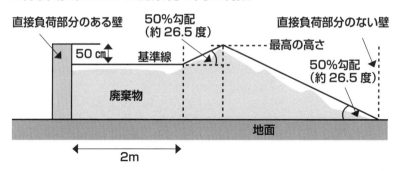

直接負荷部分のある壁　50%勾配（約26.5度）　直接負荷部分のない壁

50㎝　基準線　最高の高さ　50%勾配（約26.5度）

廃棄物　地面

2m

◉コンクリート舗装

写真：㈱エコネコル（静岡県富士宮市）

写真：㈱しんえこ（長野県 松本市）

❾処理設備の監査ポイント（最終処分場）

項目	内容	チェック方法	判断基準
処理設備	廃棄物の受入管理が適切に行われているか	受入時に廃棄物が受入許可品目であるかの確認作業（廃棄物の展開等）を行っているかを確認する	・確認作業を行っていれば○ ・行っていなければ×
	周辺地下水の測定記録が規制値以下であるか	周辺地下水の測定記録結果をみせてもらい規制値以下の値であることを確認する（規制値は条例で設定されていることがあるのでそれを確認する）	・規制値以下であれば○ ・規制値を超えていれば×

　最終処分場は、環境保全の観点から汚水の外部流出、地下水汚染、廃棄物の飛散・流出、ガス発生、そ族昆虫（ねずみやハエなど）の発生等を防止しながら、所要量の廃棄物を安全に埋立処分できる構造物です。

　最終処分場は、廃棄物処理法によって安定型最終処分場、管理型最終処分場及び遮断型最終処分場の３つに分類され、各々の処分場に埋立処分できる産業廃棄物と最終処分場の構造基準・維持管理基準が定められています。各最終処分場の特徴的な構造基準と維持管理基準を以下に示します。

●最終処分場の特徴的な構造基準と維持管理基準

最終処分場の種類	構造基準	維持管理基準
安定型最終処分場	・浸透水採取設備の設置	・搬入廃棄物の展開検査の実施 ・浸透水の水質検査の実施 ・周縁モニタリングの実施
管理型最終処分場	・浸出液処理施設の設置 ・二重の遮水層の設置	・雨水流入防止措置 ・周縁モニタリングの実施 ・放流水水質の排出基準の遵守 ・発生ガスの適正管理
遮断型最終処分場	・外周・内部仕切り設備などの貯留構造物の仕様を設定	・雨水流入防止措置 ・周縁モニタリングの実施

●最終処分場のチェックポイント

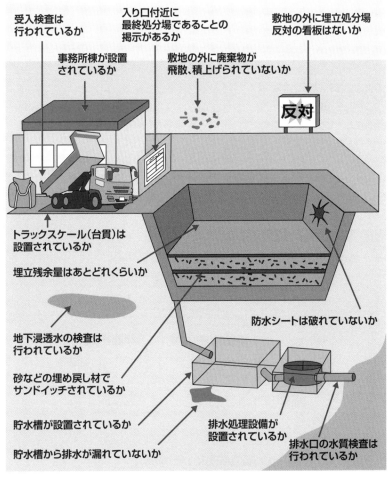

受入検査は
行われているか

入り口付近に
最終処分場であることの
掲示があるか

敷地の外に埋立処分場
反対の看板はないか

事務所棟が設置
されているか

敷地の外に廃棄物が
飛散、積上げられていないか

反対

トラックスケール（台貫）は
設置されているか

埋立残余量はあとどれくらいか

防水シートは破れていないか

地下浸透水の検査は
行われているか

砂などの埋め戻し材で
サンドイッチされているか

貯水槽が設置されているか

排水処理設備が
設置されているか

排水口の水質検査は
行われているか

貯水槽から排水が漏れていないか

※最終処分場は３つに分類される。本
来は各処分場ごとに監査項目がある
が、上記のチェックポイントはその
代表的な監査項目である。

写真：㈱マテック 苫小牧管理型最終処分場

コラム **19** 横流し等の予防措置

　食品の廃棄という食品ロスの問題は、食品リサイクル法等での対応がさらに望まれるところですが、食品メーカー等としては廃棄したはずの廃食品がスーパー等に"横流し"されるような事態は、企業のイメージダウン必至のため絶対に避けたいところです。

　ビーフカツ等横流し事件以降、各食品メーカーによる処理業者への監査が頻繁に行われるようになっており、真面目に処理を行う処理業者にとっては正直いい迷惑となっていることでしょう。

　とはいえ、委託する側の食品メーカーにとっては、排出事業者としてのリスクを極力最小化したいと思うでしょうから、監査を行うことはやむを得ないといえます。

　その際の監査項目として、次のような点を加えてはいかがでしょうか?

❶総搬入量と処理能力の対比

　まず、処理業者の処理工場に搬入された年間の総量を確認します。その後、年間の処理能力を計算し、それを比較して矛盾が出るようであれば疑わしいことになります。

❷処理後の再資源化物等の売却の実績の確認

　処理業者はなかなか売却した実績を公開しませんが、上記①の結果によって不安を覚えるようなら、経理の帳票等で再資源化物等の売却実績を確認してみてもよいかもしれません。

コラム ⑳　本音を引き出す監査

　監査を受ける処理業者は、監査員によく見せようとするためにどうしても "建前" で対応しがちです。例えば皆さんもISOの外部審査で不適合とならないように誇張した表現をすることがあると思います。ある程度の "建前" は仕方ありませんが、処理業者については、その業界全体の体質なのか、情報をオープンにしたがらず、より "建前" での対応になりがちなのです。

　よって排出事業者としては、そのような処理業者に対して本音をいわせるような、もしくは処理現場の実態を "見抜く" ような力が必要になるかもしれません。筆者がおすすめするのは次のような対応です。

❶ 事務所での監査（ヒアリング）

　まずはじめは事務所での監査から行いましょう。「監査」という業務自体、お互いに固くなりがちです。いきなり現地監査チェックリストのようなものを取り出して、ひとつひとつ確認していては、ますますお互いが固くなってしまいます。これでは処理業者の本音を聞き出すのが難しくなることは容易に想像できるでしょう。

　したがって、事務所での監査は、監査の項目やポイントを頭の中に入れておいて、世間話から始めて処理搬入量、出荷物など順を追って聞いていくとよいと思います。話の順番、ストーリーをあらかじめ考えておき、相手の気分がよくなるように話せれば、ついポロっと本音のところが出てくるかもしれません。

❷ 現場での監査

　現場での監査では、案内されるところを確認するのは当然ながら、案内されないところでも目に付けば「あれは何ですか?」と聞いてみてもよいでしょう。また、処理の大変さに理解を示せば、それにつられてポロっと本音を漏らすかもしれません。

新型コロナウイルス感染症（COVID-19）が日本国内にも広がり、移動が制限され、排出事業者の処理業者への実地監査はこれまでのように行うことがむずかしくなりました。また、これを機に多くの企業では在宅勤務（リモートワーク）やZoomなどによるオンライン会議が頻繁に行われるようになりました。

この処理業者への実地監査は、法令の上では努力義務であり、自治体の条例等での実地確認義務（資料編④参照）でも"現地に行かなければならない"とはされていませんので、一定の信用がある処理業者（例えば一部上場企業のグループ会社など）であれば、リモート監査でも十分ではないかと思われます。このコロナを逆に利用して、処理業者への監査をリモート監査に切り替えてはいかがでしょうか。

リモート監査を行う際の注意点

リモート監査先	・前年の監査でも懸念事項があまり見受けられなかった処理業者 ・初めての委託先や、前年の監査で懸念事項がいくつか見受けられた委託先、前年赤字決算となった委託先はやはり実地確認が望まれる
監査項目	・過去の監査の懸念事項や、日々の取引上の確認事項を整理し、監査項目を設定する ・監査先にはその監査項目と、当日共有したい文書をあらかじめ伝え、用意してもらう
ツール	・音声がクリアーになるようにPC内臓マイクではなく、外部のマイクを利用する ・保管場所などの現場もPCかタブレットでの投影が可能か、あらかじめ処理業者に確認する
インタビュー	・周りの環境により集中力が乱されやすいので、インタビュー時間を1セッション50分以内とする
話し方/表情	・PCのインカメラを目線と同じ高さに合わせ、聞いている姿勢を伝えることにより、安心感を持ってもらう

やはりリモート監査は対面監査と同じというわけにはいきませんので、確認できない事項も出てくると思われます。

その際は、その確認できない事項を補う写真や文書を後日提出してもらうようにお願いしてはいかがでしょうか。

▶現地での実施監査

・初めての委託先
・前年監査結果に
　△や×がいくつかある委託先
・赤字決算となった委託先

▶リモート監査

前年度監査結果

○
○
○
○
○
△
×

▶リモート監査前準備

今年度確認事項

✓ 保管置場の高さ
✓ マニフェスト管理状況
✓ 許可証チェック

投影可能か

両社で用意可能か

1セッション
50分以内

学くんの成長日記 —— 第5章のまとめ

この章では、次のことを学びました。

● 処理業者への監査を行う社内体制を整えること

処理業者による
不適正処理リスクが高い

監査の必要性

➡ 「監査ルール」の策定

（例）
・中間処理業者は1回／年
・収集運搬業者、最終処分業者は1回／数年
・監査員は本社環境部門1名、工場担当1名の2名体制
・監査後、報告書を記録しておくための監査報告書
　の雛形を作成しておく

● 監査を行うにあたっての事前準備の必要性

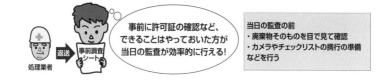

処理業者　返送　事前調査シート

事前に許可証の確認など、
できることはやっておいた方が
当日の監査が効率的に行える！

当日の監査の前
・廃棄物そのものを目で見て確認
・カメラやチェックリストの携行の準備
などを行う

● 処理業者への監査は見るべきポイントを押さえて監査すること

工場見学
処理業者の不適正処理は見抜けない！

監査チェックリスト

	判断
	○
	×
	△

微妙や不安の残る項目
は△を付ける

この両面をよく見て監査しよう

処理業者の管理面
（マニフェストの運用や処理設備の維持管理）

処理現場
（処理工程が適切かどうか）

みどりさんの
ワンポイント アドバイス!

処理業者への監査は法律上は必須ではないけど、不適正処理に巻き込まれないためにもぜひやっておきたいところね。監査については理解できた？

はい！　監査の準備から監査報告書まで、一連の手順は理解できました！　でも厳密な監査を行ってもなかなか見抜けないこともあり得ますよね？　そのような場合でも排出事業者としての責任は逃れられないのでしょうか？

確かになかなか見抜けない処理業者もいるでしょうね。でも私が行った監査ではいくつかの処理業者の不適正なところを見抜くことができたわ。例えば、排水設備の浄化槽が機能していなかったとか、勝手に別の処理業者に再委託されていたとか…。

なるほど。厳密な監査をしないと見抜けない処理業者も多いのですね。たしかに監査で不適正処理を見抜いたことに違いはないと思うのですが、不適正処理が発覚して排出事業者に措置命令が下されたわけじゃありませんよね？

そうね。でも、不適正処理による排出事業者責任を問われないようにすることも監査の目的だけど、その処理業者が行政処分を受けて営業停止にでもなったら、処理委託することができなくなってしまうでしょ。そういう観点からも監査は大事だと思うわ。

なるほど。この前も処理業者によるビーフカツの横流しがありましたしね。監査のチェックポイントは理解できましたが、まずどこから注意してみていけばいいんですか？

そうね。私がおすすめするのは、その処理業者の経営層の人に会って話をすることよ。もしその人が信用を置くに値すると感じれば、問題がある可能性は低いと思うわ。でも外面がいいだけだったり、その経営方針等が不安を抱かせるようなものだったら、チェックリストの上から下まで隈なく確認した方がいいかもね。

わかりました！　まずはその会社の方針や体質などをよく見ることが大事なんですね。で、それに不安を感じたら管理面をチェックする、ということですね。これで一通りの廃棄物管理の知識が身に付きました！　ありがとうございました！

頑張ったわね、学くん。でも、いまはよく理解できているかもしれないけど、慣れてきてしまうとついついミスが出てくるものよ。そのためにISO14001の内部監査を活用して、定期的にその管理の妥当性を確認していきましょうね。次はその内部監査について見ていきましょう！

はい！　よろしくお願いします！

第6章

廃棄物管理の継続的維持

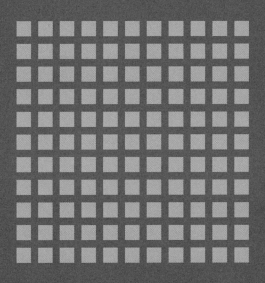

第6章　廃棄物管理の継続的維持

最後の章では、廃棄物管理を継続的に維持していくためには何をすればよいかを見ていきます。ここで大事な点は、廃棄物管理は常にリスクと隣り合わせであることを踏まえ、そのリスク最小化のためにどのような手段を講じるか、ということです。

　リスク最小化に向けての手段として、次の方法を取り入れてみてはいかがでしょうか。

1.正しい情報を得る

　廃棄物管理を行うにあたっては、処理業者のいい加減な話をうのみにするのではなく、自分の身は自分で守るためにも正しい知識を身に付ける必要があります。

　もし不明点や不安な部分があれば、自治体に聞いたり環境コンサルタントなどの外部専門家を活用する方法もあります。そのほか、法改正情報や環境省からの通知、条例等の最新情報の入手も心がけましょう。

2.廃棄物管理のルールブック

　第1章で見てきたリスクを顕在化させないために、廃棄物管理のルールを決めておくことが望まれます。いつでも誰でも適正に処理ができるような社内の廃棄物管理のルールブックがあると、間違いは減少し、リスクを低減できるでしょう。

3.継続的な教育

　廃棄物管理のルールは作ったら終わりではなく、それを基に従業員などに教育を行うことが重要です。その教育の在り方や方法について様々な角度から見ていきます。

4.内部監査で遵法性を確認

　普段の業務が漏れなく確実に行われていればよいのですが、ヒューマンエラーは必ず起こり得るものです。また、潜在的なリスクが隠れているかもしれませんので、そのリスクを顕在化させないためにも内部監査を有効に活用しましょう。ここでは、四位一体での確認方法を見ていきます。

5.処理業者とのコミュニケーション

　廃棄物に関するリスクは、社内だけに存在するわけではありません。これまで見てきたように、社外の処理業者による不適正処理も大きなリスクにつながる可能性があります。監査は処理業者によるリスクを軽減するよい方法ですが、ここではそれ以外の方法について見ていきます。

◉リスクの最小化のための手段

1

自分の身は自分で守る

正しい情報を入手

2

いつでもだれでも管理

廃棄物管理の
ルールブックの活用

3

有効的

従業員教育

4

遵法性を確認

内部監査機能を有効活用

5

異変を察知

日常的なコミュニケーション

リスクの最小化のための
手段は理解はしているけど、
どうやって行えばよいのか…

1 正しい情報を得る

廃物管理の実務においては、法律や環境省からの通知を読み解くなどしながら、正しい知識を基にして様々な廃棄物を適正に取り扱うことになります。しかし、その法律や通知を読み解くのは簡単なことではありません。また、刻々と変化する廃棄物情勢に対応するため、法改正情報や通知、条例等の最新情報も入手しておく必要があります。

正しい情報を得るには次の方法が挙げられます。ポイントや注意点をまとめましたので参考にしてみてください。

方法	内容	注意点
購読やサイトチェックによる情報収集（安価版）	・廃棄物処理法を自分で読み解く ・環境省や自治体のサイトの閲覧 ・官報の購読 ・廃棄物管理実務書の購読	・多くの会社担当者がとっている手法 ・廃棄物処理法は難解なのでなかなか読み解けないのが現実 ・自治体のサイトもすべてが掲載されているわけではない
行政へ相談	・管轄する行政に、逐一廃棄物管理の妥当性を確認する	・行政担当者や、質問の仕方によって回答が異なることがある ・効率的な確認方法とはいえない
顧問弁護士に相談	・顧問弁護士に廃棄物管理の妥当性や個々の相談事項を問い合わせる	・廃棄物関係については、法律の解釈や実務のアドバイスを不得意としている弁護士も多い印象 ・廃棄物に特化した弁護士は有効
社内法務部門へ相談	・法務部門がある会社は、その部門を活用して妥当性、適切性を確認	・上記弁護士と同じで、実務経験豊かな法務担当者であっても廃棄物処理法は詳しくないかもしれない
コンサル会社の活用	・コンサルサービスの種類 　・アドバイザリー（個別相談） 　・リスクの洗い出し　など	・この分野のコンサルができる会社は多くはない
処理業者に相談	・委託する廃棄物についての相談は価値あり ・処理業者の得意分野の相談に限る	・回答が正しい情報なのかどうかは疑問 ・処理業者からの回答に根拠を求めたい

●リスク最小化のための正しい情報の入手方法

自分で情報収集

でも、あんまり
わからないな…
この情報で
すべてかな？

行政に相談

廃棄物管理の妥当性をチェック

前回の回答と
今回の回答では
違うなぁ～

顧問弁護士に相談

廃棄物管理の妥当性をチェック

法律どおりの
回答だなぁ～。
それを聞きたいのでは
ないのに…

社内法務部門に相談

業務の運用の適切性を相談

でも、
廃棄物処理法って
知っているのかな～？

コンサル会社に相談

相談のコンサルサービス
などを活用

でも、
コンサルできる
会社はどこ？

処理業者に相談

得意分野のみは相談可

でも、
その回答は
正しいのかな？

2 廃棄物管理のルールブック

何か事業を行えば必ずリスクは発生します。廃棄物についても同じで、何か事業を行えば必ず廃棄物が排出されます。廃棄物は日常的に排出されますので、いつでも誰でも適正に管理できることが望まれます。

　会社では主たる事業の社内ルールは必ずあります。しかしながら、こと廃棄物に関しては、毎日のようにゴミが出るにもかかわらず、社内ルールがないことがよく見受けられます。

　したがって、簡単なものでもいいので、廃棄物管理に関する社内ルールがあれば、間違って取り扱われる可能性も低くなり、リスクも軽減できるでしょう。

ルール	内容	備考
廃棄物に関する 基本ルール	・廃棄物管理に関する基礎的知識、会社の環境方針などのルール	社内の規定のひとつとして全従業員が必読
産業廃棄物の 処理業者への 委託に関するルール	・委託契約書の締結ルール（許可証に関するルール含む） ・マニフェスト交付のルール	契約担当者、マニフェスト交付担当者は必読
廃棄物の 保管に関するルール	・保管場所設置、保管方法、処理業者への排出頻度などのルール	現場の責任者、担当者は必読
処理委託先監査の ルール	・監査員の選定、監査先、頻度、監査事前準備、監査方法などのルール	このルールとともに監査チェックリストも備え付けておきたい

●廃棄物管理の社内ルールを作ろう

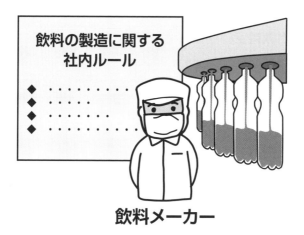

飲料メーカー

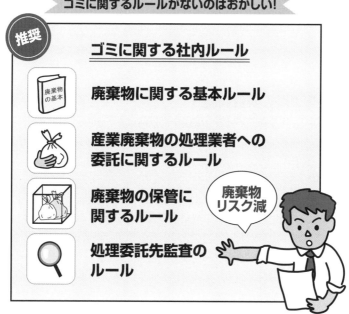

3 継続的な教育

❶ 教育方法と教育プログラム

　廃棄物管理のルールは作ったら終わりではありません。それだけでは継続的な廃棄物の適正管理は望めませんので、このルールを基にした従業員教育が重要になってきます。

　教育の方法としては、ルールブックの教育に加えて、次のような教育プログラムを実施することをおすすめします。業務の種類によって分類し、より実務を学べる内容にすれば効果的でしょう。

教育方法	教育プログラム	受講者
ISO14001 の教育プログラムの中に取り入れる	基礎教育	廃棄物に関わる業務に携わる人は必ず受講
廃棄物の業務に関わる担当者は必ず教育することをルール化	委託契約書の実務	処理委託契約の締結に関わる人は必ず受講
	マニフェストの実務	マニフェスト交付担当者などは必ず受講
	現地監査の実務	処理業者の監査を行う人は必ず受講

❷ 理解度を上げる演習問題

　講師からの一方的な講義だけでは受講者の理解度を上げるのは難しいと思います。そこで教育研修の最後に、次のような演習問題を実施すると理解の助けになるでしょう。

◉演習問題例

- ● 基礎教育：例）食品製造業者から排出される木くずは産廃か、一廃か？
- ● 委託契約書の実務教育：例）処理料金の欄に「見積書のとおり」は正しいか？
- ● マニフェストの実務教育：例）（マニフェスト記載例を示して）この中の間違いはどれか？
- ● 現地監査の実務教育：例）（処理工場の画を示して）この中の不適当箇所はどれか？

●教育方法・教育プログラム

廃棄物業務に関わる人すべて

契約締結に
関わる人 マニフェスト交付等に
関わる人 処理業者の
監査を行う人

教育研修の最後に演習問題を受講させる

	例題
基礎教育	食品製造業者 → 排出 → 木くず 産廃？一廃？
委託契約書の実務教育	契約書 【処理料金】見積書のとおり 正しい？誤り？
マニフェストの実務教育	マニフェスト この中の間違いはどれ？
現地監査の実務教育	この中の不適当箇所はどれ？

4 内部監査で遵法性を確認

も し皆さんの会社がISO14001の認証を取得しているのであれば、その機能を有
効的に活用しないのはもったいないことです。その内部監査項目に廃棄物管理の
遵法性確認の項目がなかったら、ぜひ監査項目に以下に示すチェック項目を加えてはい
かがでしょうか。

　次のチェック方法は、廃棄物、許可証、委託契約書、マニフェストのそれぞれすべて
を付け合わせることによって、廃棄物管理に問題がないのかを洗い出すことができるも
のです。

　このチェック方法は、まず色の濃い四角の項目を確認し、それから横列の他の項目に
ついて確認を展開していきます。

遵法性チェック方法

廃棄物	収集運搬業者の許可範囲	収分業者の許可範囲	委託契約書（収集運搬、処分）	マニフェスト
廃棄物を確認 →金属くず、廃プラスチック類	積込地、荷降ろし地の許可範囲にこの廃棄物の種類が含まれているか	許可範囲にこの廃棄物の種類が含まれているか	・契約締結済か ・契約内に委託する廃棄物の種類の廃棄物が記載されているか	・マニフェストを排出の都度、交付しているか ・廃棄物の種類の☑点と整合しているか
廃棄物の排出事業場、処理業者の地域を確認 →千葉県、東京都	収集運搬業者がこの積込地と荷降ろし地の許可を有しているか		委託契約書にこの積込地と荷降ろし地の許可範囲が記載されているか	
	A運送の許可証をチェック。有効期限内の許可証か	Bエコ社の許可証をチェック。有効期限内の許可証か	A運送、Bエコ社ともに処理委託契約があるか	**マニフェストの収集運搬業者、処分業者を確認** →A運送、Bエコ社
			この最終処分先が契約書の最終処分先一覧に記載されているか	**マニフェストE票の最終処分先を確認** →○△環境社

●社内内部監査の有効活用

●"四位一体"のチェック

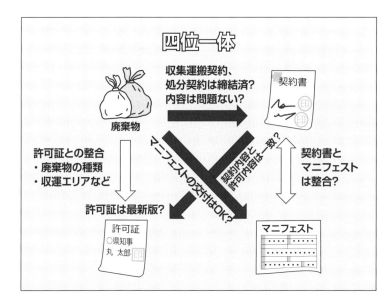

5 処理業者との
コミュニケーション

❶日常的なコミュニケーションで異変を察知

　処理業者への監査は、多くて年に1回程度ではないでしょうか。しかし、処理業者による不適正処理はいつ起こるかわかりません。したがって、できるだけ日常的に処理業者とコミュニケーションをとっておくことが理想です。そうすれば、「何かおかしい」という異変を察知できるかもしれません。

　日常的なコミュニケーションとしては、以下のような方法が比較的簡単にできることではないでしょうか。

- ● 廃棄処理の見積もり
- ● 営業担当者との環境法令動向の情報交換
- ● 処理業者のホームページの閲覧、内容に関する問い合わせ

❷適正処理ができないことを知らせる「処理困難通知」

　平成23年4月の廃棄物処理法改正で、処理業者は以下の事由などで廃棄物の処理を適正に行うことが困難になった場合は、排出事業者に**処理困難通知**[*1]をすることが義務づけられました。

- ● 施設の破損・事故
- ● 事業の廃止・事業範囲の減少
- ● 施設の休廃止
- ● 最終処分場の埋立終了
- ● 欠格要件該当

　また、平成30年4月施行の法改正では、許可を取り消された場合でも、同じような通知をすることが義務づけられました。

　もしもその通知が届いた場合、排出事業者は適正処理のために必要な措置を講じなければなりません（右図（下））。

[*1]　**処理困難通知**：産業廃棄物処理業者は、現に委託を受けている産業廃棄物の収集、運搬又は処分を適正に行うことが困難となり、又は困難となるおそれがある事由として環境省令で定める事由が生じたときは、環境省令で定めるところにより、遅滞なく、その旨を当該委託をした者に書面により通知しなければならない。（法第14条第13項：要約）
　産業廃棄物処理業の許可を取り消された者であって、当該許可に係る産業廃棄物の収集運搬又は処分を終了していないものは、環境省令で定めるところにより、遅滞なく、許可を取り消された旨を排出事業者に書面により通知しなければならない。（法第14条の3の2第3項：要約）

◉処理業者との日常的なコミュニケーション

望まれる姿

コミュニケーション

処理
見積り
\XXXX

環境法令
動向

処理業者
HP
コラム

排出事業者　　　　　　　　　　　　　　　　　　　処理業者

◉処理困難通知が届いたら

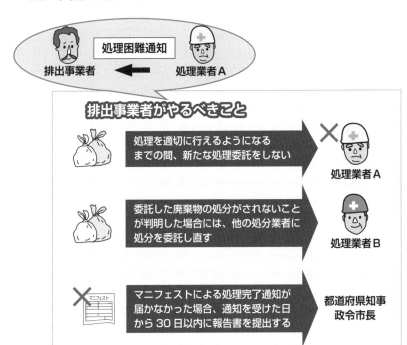

処理困難通知

排出事業者　◀　処理業者A

排出事業者がやるべきこと

処理を適切に行えるようになるまでの間、新たな処理委託をしない	➤	処理業者A
委託した廃棄物の処分がされないことが判明した場合には、他の処分業者に処分を委託し直す	➤	処理業者B
マニフェストによる処理完了通知が届かなかった場合、通知を受けた日から30日以内に報告書を提出する		都道府県知事政令市長

学くんの成長日記 —— 第6章のまとめ

この章では、次のことを学びました。

● 自分の身は自分で守るため、いろいろな方法で正しい情報を入手

弁護士などに聞く

法律を読み解く

薬剤

建設廃棄物

下取り廃棄物

● 廃棄物管理のルールブックを作成し、社内教育を実施

策定した
廃棄物管理ルールブック
を基にした教育

最後に演習テストを
行います!

有効的

廃棄物管理従事者

● 内部監査で廃棄物管理の遵法性をチェック

廃棄物

許可証
○県知事
丸 太郎 印

契約書

E票マニフェスト
D票マニフェスト
B2票マニフェスト
A票マニフェスト

廃棄物管理が適切に行われているかをチェック

みどりさんの
ワンポイント アドバイス！

学くん、ここまでよく頑張って勉強できたわね。どうだった？

ありがとうございます。廃棄物管理の実務が体系的に学ぶことができ、最後には社内の仕組みのところまで理解できました！　でも廃棄物のリスクっていろいろなところに転がっているんですね。

そうね。第1章でもあったとおり、許可以外の廃棄物の種類を委託した場合でも無許可業者への処理委託ということで簡単にニュースになってしまう時代だからね。

そうですよね。あと、これまで勉強したところ以外で、どこか気を付けておくべきことはありますか？

あとは、これはなかなか難しいところだけど、「適切な処理費の支払い」かしら。やっぱり廃棄物業界でも「安かろう悪かろう」が顕著なのか、環境省からの「行政処分の指針」の通知にも「適切な対価を支払う」ことが排出事業者の責任として明記されているのよ。

なるほど。この前のビーフカツの横流しのように、処理業者は排出事業者が見ていないところで簡単に悪いことができてしまいますもんね。あの事件でも処理費は他の処理業者よりも圧倒的に安かったらしいですし。でも処理費って一体いくらがその適切な対価になるんですか？

そうね。これも一概にはいえないのがまた難しいところね。廃棄物の種類や性状、荷姿、その他にも処理業者の処理方法でも処理費は全然違ってくるから、適切な価格がいくらとはいえないわね。

そうか。それなら処理業者に同じ条件で相見積もりをとって、その処理費の根拠などを確認するという方法が妥当ですかね。まあ、いろいろな処理業者と付き合って、見定める目をもてるように頑張ります！

またわからないことがあったら、この本を読み返して確認してみてね♪

第7章

水銀・(電子)マニフェスト改正

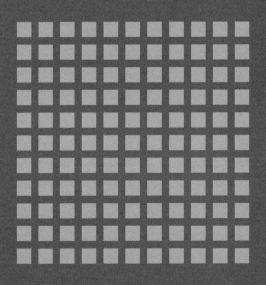

第7章　水銀・（電子）マニフェスト改正

廃棄物処理法は、おおよそ5年に1回の大改正に加え、毎年のように見直し、改正されています。本章では水銀に関する改正とともに、近年普及率が増加している電子マニフェストに関する改正や注意点も含めて解説します。

1.水銀に関する改正（2017年10月施行）

水銀に関する水俣条約を踏まえた水銀廃棄物の適正処理のための改正です。具体例として、蛍光管や乾電池などは水銀使用製品産業廃棄物に区分されることになります。

2.電子マニフェストに関する改正（2020年、2019年施行）

①特別管理産業廃棄物を排出する多量排出事業者に対し、電子マニフェストへの登録が義務づけられました（2020年4月施行）。

②電子マニフェストの登録期限が土日祝日などを除く3日以内とされました（2019年4月施行）。

3.マニフェストの押印欄の廃止（2020年12月施行）

令和2年の押印を求める手続の見直し等を受け、マニフェストの押印欄が削除されることとなりました。

・交付担当者欄の押印欄が削除

・受領印欄が受領欄と変更（受領欄はサインでも押印でもどちらでも可能）

4.電子マニフェストの取り扱い上の注意点

電子マニフェストの活用により法令遵守が期待できるというメリットがある一方で、ケアレスミスにより誤った情報が取り扱われることのないようにしておく必要が利用者側にはあります。ここでは、普及が進む電子マニフェストの状況と取り扱い上の注意点について解説します。

このほか、本書では詳しく解説しませんが、マニフェストの未交付、虚偽の記載などに対する罰則が強化されました（2018年4月施行）。

【改正前】6か月以下の懲役又は50万円以下の罰金

【改正後】1年以下の懲役又は100万円以下の罰金

●法改正の背景

背景

・水銀にかかる水俣条約　・食品廃棄物の不正転売　・行政の押印手続きの見直し

処理業者　　　　　　　　　　　　　　　　　　　マニフェスト票

法改正

●法改正の項目

蛍光管　　　委託　　収集運搬業者　　処分業者　　　多量排出事業者　特管産廃

乾電池等

水銀廃棄物　収運業許可証　印

水銀廃棄物　処分業許可証　印

義務化

電子
マニフェスト

マニフェストの未交付、
虚偽記載

6か月以下の懲役、もしくは
50万円以下の罰金

罰則強化

1年以下の懲役、もしくは
100万円以下の罰金

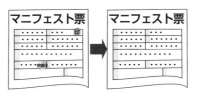

マニフェスト押印欄の廃止

1 水銀に関する改正【2017年10月施行】

水銀に関する水俣条約*¹を踏まえ、水銀を含む廃棄物は水銀廃棄物（廃水銀等、水銀含有ばいじん等、水銀使用製品産業廃棄物）として取り扱われることになりました。ただし、法で定める「廃棄物の種類」が追加されたわけではなく、新たな「**廃棄物の区分**」が追加されたことにご留意ください。

新たに加わった**廃水銀等、水銀含有ばいじん等、水銀使用製品（産業）廃棄物**と、（特別管理）産業廃棄物、（特別管理）一般廃棄物との関係は、右表（上）のように整理されます。以降は右表（上）の水銀廃棄物の分類に沿って説明します。

❶水銀（金属水銀）・水銀化合物

「水銀（金属水銀）・水銀化合物」は、金属水銀そのものや希釈等されていない水銀化合物が廃棄物となったものが該当します。本書ではそのうち、法改正によって追加された**廃水銀等**を見ていきます。

◉廃水銀等

特別管理産業廃棄物に指定される「廃水銀等」とは、

①特定施設から生じた水銀又は水銀化合物

②水銀を含む産業廃棄物等から回収された水銀

と定義されますが、今回の法改正により①の特定施設に右表（下）のように保健所や検疫所などが追加され、17の施設に拡大されました。

また、②については、以下に示す例などにより回収された水銀が該当します。

水銀を回収する対象	廃棄物等から回収された廃水銀等の例
水銀もしくはその化合物が含まれている物	・水銀含有再生資源から回収した廃水銀 ・水銀含有ばいじん等から回収した廃水銀 ・水銀を含む特別管理産業廃棄物から回収した廃水銀 ・廃棄物焼却施設の排ガス処理工程において回収された廃水銀 ・水銀を不純物として含む天然資源の生産施設から回収された廃水銀
水銀使用製品が産業廃棄物となったもの	蛍光ランプ、水銀電池、水銀スイッチ・リレー、水銀を含む計測機器（気圧計、湿度計、圧力計、温度計、体温計、血圧計）から回収した廃水銀（水銀使用製品の破損により漏洩した廃水銀は該当しません。）

*1 **水銀に関する水俣条約**：水銀のライフサイクル全体にわたる管理を通して水銀等の人為的な排出及び放出から人の健康及び環境を保護することを目的として、2013（平成25）年10月の外交会議で採択された条約。2017年8月16日に発効。本条約による水銀廃棄物の環境上適正な管理を確保するため、廃棄物処理法施行令等の改正が行われた。

●水銀廃棄物の分類

	産廃	一廃
1 水銀（金属水銀）、 水銀化合物	**特管産廃** 廃水銀等 **産廃** 小中学校等（特定施設以外） から排出された水銀	**特管一廃** 廃水銀
2 水銀に汚染された 廃棄物	**特管産廃** 特定有害産業廃棄物 **産廃** 水銀含有ばいじん等 **産廃** 汚染された有害産廃 （特定施設以外） 燃え殻、鉱さい、ばいじん、 汚泥、廃酸・廃アルカリ	**特管一廃** ばいじん
3 水銀使用製品 廃棄物	**産廃** 水銀使用製品産業廃棄物	**一廃** 家庭から排出された 水銀使用製品

●廃水銀等の特定施設

1	水銀が含まれている物、廃棄物から水銀を回収する施設
2	水銀使用製品の製造の用に供する施設
3	灯台の回転装置が備え付けられた施設
4	水銀を媒体とする測定機器を有する施設
5	国又は地方公共団体の試験研究機関
6	大学及びその附属試験研究機関
7	学術研究、発明に係る試験研究を行う研究所

+

8	農業、水産又は工業に関する学科を含む高校、専門学校など
9	保健所
10	検疫所
11	動物検疫所
12	植物防疫所
13	家畜保健衛生所
14	検査業に属する施設
15	商品検査業に属する施設
16	臨床検査業に属する施設
17	犯罪鑑識施設

1 水銀に関する改正

●廃水銀等の処理基準
廃水銀等の処理基準として、特別管理産業廃棄物の一般的な処理基準に加え、以下の処理基準が新たに規定されました。

保管基準
①容器に入れて密封する等、飛散・流出・揮発の防止措置
②高温にさらされないために必要な措置
③腐食の防止のために必要な措置

収集運搬基準
①他の物と区分して運搬
②運搬容器（密閉できること、収納しやすいこと、損傷しにくいこと）に収納
③積替保管を行う場合は、上記の保管基準と同様の措置

中間処理基準（硫化・固型化）
①精製設備を用いて精製し、硫化設備を用いて硫黄と化学反応させて硫化水銀とする
②固化設備を用いて結合剤（改質硫黄）により固型化する
③上記①②の硫化・固型化した廃水銀等（廃水銀等処理物）などは処理後も特別管理産業廃棄物となる。精製に伴い生じた**残さ**のみは特別管理産業廃棄物から除かれる。

❷水銀に汚染された廃棄物
「水銀に汚染された廃棄物」は、水銀及び水銀化合物を含む汚泥、焼却残さ等の廃棄物が該当します。本書ではそのうち、法改正によって追加された**水銀含有ばいじん等**を見ていきます。

●水銀含有ばいじん等
水銀の大気排出にかかる規制を効果的に実施するという観点から、「水銀含有ばいじん等」の対象濃度は以下のように設定されています。この「水銀含有ばいじん等」は**産業廃棄物**の区分となり、特別管理産業廃棄物には該当しません。処理基準は右ページに示すとおりです。

廃棄物の種類	水銀含有ばいじん等の対象	水銀回収義務の対象
ばいじん、燃え殻、汚泥、鉱さい	水銀含有量が 15mg/kg を超えるもの	1,000mg/kg を超えるもの
廃酸・廃アルカリ	水銀含有量が 15mg/L を超えるもの	1,000mg/L を超えるもの

●水銀含有ばいじん等の処理基準

保管基準

掲示板の「廃棄物の種類」欄に水銀含有ばいじん等が含まれる旨を記載

（例）汚泥（水銀含有ばいじん等）

収集運搬基準

①性状によって必要に応じて二重こん包や高温対策の措置をとることが望まれる

②積替保管を行う場合は上記の保管基準と同様の措置

中間処理基準

①水銀が大気に飛散しないよう必要な措置を講ずること

②以下のものは、あらかじめ焙焼その他の方法により、水銀回収（当該廃棄物から水銀を分離して取り出し回収すること）すること

・ばいじん、燃え殻、汚泥、鉱さい：含有量1,000mg/kg以上

・廃酸又は廃アルカリ：含有量1,000mg/L以上（これらの濃度以下のものも水銀回収するよう努めることが望まれる）

③埋立処分に先立ち、ばいじん、燃え殻、汚泥は埋立判定基準（水銀：0.005mg/L、アルキル水銀：不検出）以下となるよう処理するか、又は固型化すること（固化材には低アルカリセメント等を使用のこと）

④回収した水銀を処分する場合は、「廃水銀等」として取り扱うこと

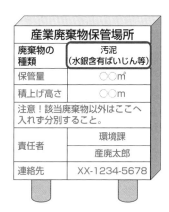

❸水銀使用製品産業廃棄物

「水銀使用製品産業廃棄物」は、水銀又はその化合物が使用されている**製品**（水銀使用製品）が廃棄物となったものが該当します。

◉水銀使用製品産業廃棄物の対象物

①水銀又はその化合物の使用に関する表示の有無にかかわらず水銀使用製品産業廃棄物の対象となるもの（右表）

②右表（×印のあるものを除く）を材料又は部品として用いて製造される水銀使用製品（組込製品）

対象となる組込製品の例	左記製品中に用いられる水銀使用製品
補聴器、銀塩カメラの露出計	①水銀電池
補聴器、ページャー（ポケットベル）	②空気亜鉛電池
ディーゼルエンジン、医療機器（ガス滅菌器）、ピクノメータ、引火点試験機	⑭ガラス製温度計
朱肉（ただし、顔料や朱肉が塗布・捺印等された製品や作品等は対象外）	⑲顔料

③ ①②のほか、水銀又はその化合物の使用に関する表示がされている水銀使用製品

製品本体にある水銀使用表示例
・日本語による表記（例：水銀）
・化学記号（Hg）
・英語による表記（Mercury）
・J-Moss水銀含有表示（右図は一例）

J-Moss水銀含有表示の例

●水銀使用製品産業廃棄物の対象となるもの

NO.	水銀使用製品産業廃棄物名	材料部品	回収義務	NO.	水銀使用製品産業廃棄物名	材料部品	回収義務
①	水銀電池			⑳	ボイラ(二流本サイクルに用いられるものに限る。)		
②	空気亜鉛電池			㉑	灯台の回転装置		◎
③	スイッチ及びリレー(水銀が目視で確認できるものに限る。)	×	◎	㉒	水銀リトム・ヒール調整装置		◎
④	蛍光ランプ(冷陰極蛍光ランプ及び外部電極蛍光ランプを含む。)	×		㉓	水銀抵抗原器		
⑤	HIDランプ(高輝度放電ランプ)	×		㉔	差圧式流量計		◎
⑥	放電ランプ(蛍光ランプ及びHIDランプを除く。)	×		㉕	傾斜計		◎
⑦	農薬			㉖	周波数標準機	×	
⑧	気圧計		◎	㉗	参照電極		
⑨	湿度計		◎	㉘	握力計		◎
⑩	液柱形圧力計		◎	㉙	医薬品		
⑪	弾性圧力計(ダイアフラム式のものに限る。)	×	◎	㉚	水銀の製剤		
⑫	圧力伝送器(ダイアフラム式のものに限る。)	×	◎	㉛	塩化第一水銀の製剤		
⑬	真空計	×	◎	㉜	塩化第二水銀の製剤		
⑭	ガラス製温度計		◎	㉝	よう化第二水銀の製剤		
⑮	水銀充満圧力式温度計	×	◎	㉞	硝酸第一水銀の製剤		
⑯	水銀体温計		◎	㉟	硝酸第二水銀の製剤		
⑰	水銀式血圧計		◎	㊱	チオシアン酸第二水銀の製剤		
⑱	温度定点セル			㊲	酢酸フェニル水銀の製剤		
⑲	顔料	×					

※回収欄に◎印のものは、水銀回収(中間処理で水銀を分離して取り出し回収すること)が義務づけられているもの。
※×印のあるものの組込製品、具体的には蛍光ランプが内蔵されているモニターなどは対象外となる。
※No.⑲顔料は、水銀使用製品に塗布されるものに限り×印に該当する。

1 水銀に関する改正

◉水銀使用製品産業廃棄物の取扱い（処理委託前）
保管

　「水銀使用製品産業廃棄物」を保管する際は、右図（上）のように他の物と混合するおそれのないように**仕切りを設ける**などの措置を講じ、産業廃棄物の保管場所の**掲示板**にも「水銀使用製品産業廃棄物」が含まれること、またその数量を記載する必要があります。

処理委託先の選定、処理業者の許可証の確認

　「水銀使用製品産業廃棄物」の委託にあたっては、水銀使用製品産業廃棄物の許可を受けた収集運搬、処分業者に委託し、水銀回収が義務づけられているものの処理を委託する場合は、水銀回収が可能な事業者に委託することとされています。

　また、処理業者の許可証の確認にあたっては、取り扱う廃棄物の種類に「水銀使用製品産業廃棄物」が含まれていることを確認することが求められます。

許可の更新前の対応

　2017年10月施行以降で、許可の有効期間更新前であれば、許可証には「水銀使用製品産業廃棄物を含む」と記載されていないこともあります。このような場合、その処理業者に水銀使用製品産業廃棄物の取扱いの可否を確認するようにしてください（右図（下））。

●水銀使用製品産業廃棄物の保管場所

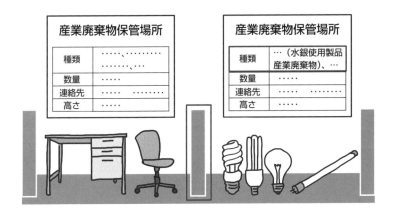

産業廃棄物保管場所	
種類	……、…… ………、…
数量	……
連絡先	…… ………
高さ	……

産業廃棄物保管場所	
種類	…（水銀使用製品産業廃棄物）、…
数量	……
連絡先	…… ………
高さ	……

●許可証の確認

＜2017年10月以降の許可有効期間前＞

廃棄物の種類
金属くず、廃プラスチック類、
ガラス・コンクリート・陶磁器くず、汚泥

許可証

印

※許可証には水銀産廃のことは記載されていないこともあるため、
　処理業者に確認すること

＜2017年10月以降の許可更新後＞

廃棄物の種類
金属くず、ガラス・コンクリート・陶磁器くず
（水銀使用製品産業廃棄物を含む）

許可証

印

1 水銀に関する改正

◉水銀使用製品産業廃棄物の取扱い(処理委託にあたって)

委託契約書

委託する廃棄物の種類に、「水銀使用製品産業廃棄物を委託する」と記載することが必要となります。

また、法改正施行前に契約締結している委託契約書については、新たに契約変更等をする必要はないとされていますが、少なくとも1年以内には覚書等で「水銀使用製品産業廃棄物」を追加する必要があります。

マニフェスト

全国産業資源循環連合会のマニフェストは、右図(下)のように備考・通信欄にチェックボックスが追加されていますので、該当する項目にレ点を記入して交付します。

なお、上記のように委託契約書、マニフェストに水銀廃棄物が含まれる旨を記載するのは、前述の廃水銀等、水銀含有ばいじん等についても同様です。

◉処理業者の役割・責任

収集運搬

収集運搬の際は、破砕することのないよう、また、他の物と混合するおそれのないように**区分**して収集運搬することが求められています。

処分

処分の際は、以下のことが求められています。
- ●水銀又はその化合物が大気中に飛散しないような措置
- ●水銀回収の対象となる水銀使用製品産業廃棄物については、ばい焼設備によるばい焼、又は水銀の大気飛散防止措置をとった水銀を分離する方法により、水銀を回収すること
- ●安定型最終処分場への埋立は行わないこと

●委託契約書での取扱い

OR

●マニフェストでの取扱い

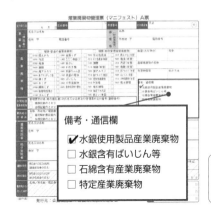

備考・通信欄

☑水銀使用製品産業廃棄物
☐水銀含有ばいじん等
☐石綿含有産業廃棄物
☐特定産業廃棄物

このチェックボックスにレ点を
記入すればいいんだね。

2 電子マニフェストに関する改正【2020年4月、2019年4月施行】

電子マニフェストは利用していますか？　現在の電子マニフェストの加入率は、全体のマニフェスト交付枚数の65％を超えるなど、その利用は年々広がっています。1993年4月から特別管理産業廃棄物の紙マニフェストの交付が義務化され、2020年4月からは特別管理産業廃棄物の多量排出事業者に対して電子マニフェストへの登録が義務づけられました。

❶電子マニフェストの義務化（2020年4月施行）

◉対象者

特別管理産業廃棄物の多量排出事業者のうち、前々年度の**特別管理産業廃棄物**（PCB廃棄物を除く）の発生量が**50トン以上**の事業者を設置する者が対象となります（2020年4月施行）。

ただし、右図のように会社全体の発生量ではなく、**事業場単位**で50トン以上となった場合が対象となります。

◉登録困難な場合

右表に示すようなインターネット回線の不具合、離島内、全員65歳以上などの条件に該当し、電子マニフェストへの登録が困難な場合は、紙マニフェストの交付でもよいとされています。

ただし、電子マニフェストに代えて紙マニフェストを交付した場合には、紙マニフェストの備考・通信欄に、どのような理由で電子マニフェストを利用できないかを明記することが求められています。

●電子マニフェストの義務化

例：X社にはA工場とB工場があり、A工場は特管産廃が60t、B工場は45tの場合、A工場のみ電子マニフェストの使用が義務化、B工場は義務化対象外となる。

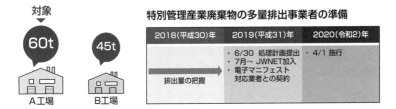

対象

60t A工場　45t B工場

特別管理産業廃棄物の多量排出事業者の準備

2018（平成30）年	2019（平成31）年	2020（令和2）年
排出量の把握	・6/30 処理計画提出 ・7月〜 JWNET加入 ・電子マニフェスト対応業者との契約	・4/1 施行

※電子マニフェストの義務は、特別管理産業廃棄物のみにかかり、普通の産業廃棄物にはかからない。

●電子マニフェストの利用が困難な理由

インターネット回線の不具合等	義務対象者等のサーバーダウンやインターネット回線の接続不具合等の電気通信回線の故障の場合、電力会社による長期間の停電の場合、異常な自然現象によって義務対象者等がインターネット回線を使えない場合など、義務対象者等が電子マニフェストを使用することが困難と認められる場合
離島等	離島内等で他に電子マニフェストを使用する収集運搬業者や処分業者が存在しない場合、スポット的に排出される廃棄物でそれを処理できる電子マニフェスト使用業者が近距離に存在しない場合など、電子マニフェスト使用業者に委託することが困難と認められる場合
全員65歳以上	常勤職員が、2019（平成31）年3月31日において全員65歳以上で、義務対象者の回線が情報処理センターと接続されていない場合

2 電子マニフェストに関する改正

❷登録期限の改正（2019年4月施行）

　排出事業者が廃棄物を引き渡した後の情報処理センターへの登録期限が改められました。これまではその会社の営業日や休祝日にかかわらず3日以内とされていましたが、施行後は「土日祝日及び年末年始（12/29～1/3）」を含めずに3日以内となります（右図（上））。

◉電子マニフェストへの登録はお早めに!

　排出事業者が委託した廃棄物に関する情報を電子マニフェストに登録しないと、収集運搬業者、処分業者はそれぞれ運搬終了報告、処分終了報告ができません。

　たとえば右図（下）のように、1日(月)に廃棄物を排出事業場から搬出した場合、4日(木)が排出事業者にとっての登録期限になります。一方、収集運搬は引き渡した日と同じ日に終了する場合が多いので、収集運搬業者にとっても4日(木)が登録期限になります。

　したがって、排出事業者は電子マニフェストへの早めの登録を心がけるとともに、電子マニフェストの運用にあたっては、排出事業者、収集運搬業者、処分業者の3者間で事前に登録ルールや連絡方法等を決めておくことが必要になります。

●登録期限は土日祝日等を除く3日以内

例：2019年4月24日に廃棄物を
　　引き渡した場合、登録期限は
　　4月30日となる。

★：引き渡し日
×：登録期限

April						2019
SUN	MON	TUE	WED	THU	FRI	SAT
	1	2	3	4	5	6
7	8	9	10	11	12	13
14	15	16	17	18	19	20
21	22	23	24 ★	25	26	27
28	29	30 ×				

●電子マニフェストへの登録が遅れると…

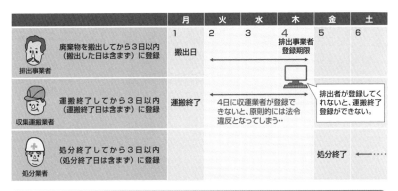

		月 1	火 2	水 3	木 4	金 5	土 6
排出事業者	廃棄物を搬出してから3日以内（搬出した日は含まず）に登録	搬出日			排出事業者登録期限		
収集運搬業者	運搬終了してから3日以内（運搬終了日は含まず）に登録	運搬終了	4日に収集運搬業者が登録できないと、原則的には法令違反となってしまう…				
処分業者	処分終了してから3日以内（処分終了日は含まず）に登録					処分終了	

排出者が登録してくれないと、運搬終了登録ができない。

**排出事業者、収集運搬業者、処分業者間で、
マニフェスト登録の運用、その連絡方法を事前に決めましょう！**

3 マニフェストの押印欄の廃止
【2020年12月施行】

令和2年の「行政手続に関する押印、書面規制等の見直し基本方針」に基づき、マニフェストの押印欄が削除されることとなりました。

　具体的には、以下の押印欄、受領印欄が廃止されることとなります（右図）。
　・交付担当者欄の押印が削除
　・受領印欄が受領欄と変更（受領欄はサインでも押印でもどちらでも可能）

　よって、交付担当者欄の押印は必要にはならないものの、廃棄物の排出に立ち会ってのマニフェスト交付となりますので、直筆でのサインは必要となるでしょう。

　マニフェスト下方の収集運搬業者のドライバーが押印する受領印欄、処理業者の搬入担当者が押印する受領印欄の廃止については、改正前はE票まで押印していたことを考えると、かなりの効率化となりそうですね。

●マニフェストの押印欄の削除

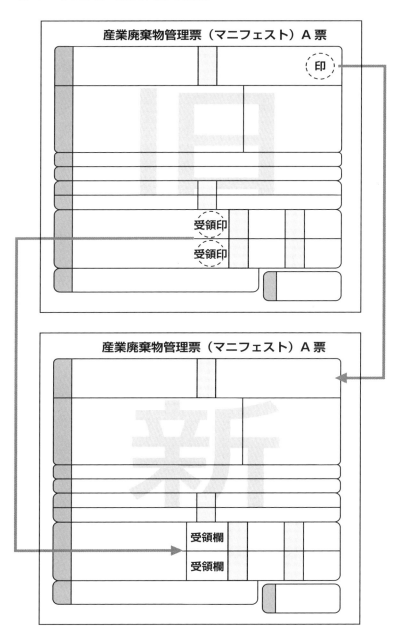

4 電子マニフェストの 取り扱い上の注意点

本 書の第4章でも説明しましたが、電子マニフェストとは、排出事業者、収集運搬業者、処分業者の3者が情報処理センターを介したネットワークで、マニフェスト情報を電子化してやりとりする仕組みです。

この電子マニフェストの導入メリットは、JWNETのサイトでは以下のように示されています。

❶マニフェストの導入メリット

◉簡単! 事務処理の効率化

- ・入力操作が簡単で、手間がかかりません。
- ・画面上で廃棄物の処理状況を容易に確認できます。
- ・マニフェスト情報をダウンロードして自由に活用できます。
- ・マニフェストの保存が不要です。（保存スペースも不要）

◉しっかり! 法令の遵守

- ・法で定める必須項目をシステムで管理していますので、入力漏れを防止できます。
- ・運搬終了、処分終了、最終処分終了報告の有無を電子メールや一覧表等で確実に確認できます。
- ・終了報告の確認期限が近づくと排出事業者に注意喚起します。
- ・マニフェストの紛失の心配がありません。

◉確実! データの透明性

- ・マニフェスト情報は情報処理センターが管理・保存しています。セキュリティも万全です。
- ・排出、収集、処分の3者が常にマニフェスト情報を閲覧・監視することにより、不適切なマニフェストの登録・報告を防止できます。

◉安心! 排出事業者の産業廃棄物管理票交付等状況報告が不要

- ・電子マニフェスト利用分は、情報処理センターが都道府県等に報告します。

●電子マニフェストの流れ

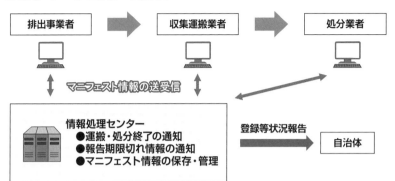

●電子マニフェスト3大メリット

効率　　　　　　　法令遵守　　　　　　透明性

●作業時間の比較

3,400
時間

年間で
3,400
時間短縮

400
時間

紙マニフェスト　　　　　　電子マニフェスト

●紙マニフェストとの事務処理費用の比較例

紙マニフェスト運用の労務工程		電子マニフェスト運用の労務工程	
業務	時間／年	業務	時間／年
1.紙マニフェスト発行業務	2,600	1.電子マニフェスト発行業務	250
2.紙マニフェスト管理業務	500	2.電子マニフェスト管理業務	150
3.紙マニフェスト交付等状況報告業務	300	3.電子マニフェスト登録等状況報告業務	0
合計	3,400	合計	400

3 電子マニフェストの取り扱い上の注意点

❷電子マニフェストの普及率

　電子マニフェストの普及率は、令和2年度では65％と年々その利用割合は上がっています。

　電子マニフェストの導入により、事務処理の効率化とともに、データの透明性が確保され、法令遵守が期待できるというメリットはありますが、その一方、ケアレスミスにより誤った情報が取り扱われることのないようにしておく必要が利用者側にはあります。

❸電子マニフェストの注意点

　電子マニフェストの登録で一番多くの間違いがある項目は、kgとtなどの「**単位**」です。

　電子マニフェストの情報は、次の条件をすべて満たす場合、「確定情報」として管理され、修正・取消等の操作を行うことができなくなります。

　・マニフェスト情報登録日より180日以上経過している。

　・運搬終了報告、処分終了報告、最終処分終了報告のすべてが終了している。

　・修正・取消の要請状態ではない。

　・最終更新日より10日以上経過している。

　このように確定情報となる前に、廃棄物の量や単位（kgとtの間違い）などのマニフェストの内容の確認を定期的（半年に1回程度）に行うことが望まれます。

　マニフェスト情報に誤りがあるまま「確定情報」になってしまった場合、電子マニフェスト登録等状況報告書の内容変更を所定様式（書面）で自治体に報告する必要があります。

●電子マニフェストの普及率

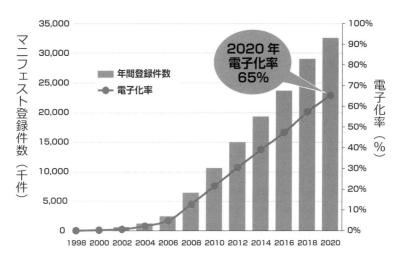

●電子マニフェストの注意点

半年に一回
電子マニフェスト情報を確認しよう

3 電子マニフェストの取り扱い上の注意点

❹電子マニフェスト運用の社内ルール

規模の大きい会社になるほど、廃棄物の業務にかかわる部署は比較的多くなるものと思われます。具体的には契約締結部署、マニフェスト管理部署、廃棄物の現場管理の部署などがあげられます。そのような場合、電子マニフェストの登録や登録後に受渡確認票を収集運搬業者のドライバーへ引き渡すことなど、あらかじめ各部署や担当者の役割分担を決めておくことをおすすめします。

❺電子マニフェストの数量の登録について

電子マニフェストの廃棄物の数量は、排出事業者、収集運搬業者、処分業者の3者がそれぞれ入力できる項目があります。

その3者の数量登録の必要性については、以下のとおりとなります。

①排出事業者：数量（必須）

②収集運搬業者：運搬量（任意）

③処分業者：受入量（任意）

この数量の確定は、排出事業者が3者の中から選択した数量確定者の入力した廃棄物数量が確定値となり、都道府県に報告される数量となります。

また、排出事業者の登録期限は、廃棄物の引き渡し後3日以内でしたが、収集運搬業者も収集運搬終了後3日以内に登録する必要があります。その収集運搬業者の登録は排出事業者の登録があってはじめて登録できるため、排出事業者としては、3日を待つことなく速やかに登録を行うことも必要になってきます。

●電子マニフェスト運用のルール

登録　予備登録（予約登録）、本登録は、どの部署の誰が行うのか

情報　現場担当から、登録を行う事務担当への登録情報をどのように引き渡すのか

受渡確認票　必ず印刷して収運業者に引き渡すか、収運業者はスマホを持っているので紙はなしか

受渡確認票の運用について（受渡確認票を収運業者に必ず引き渡す場合）

?　用意…「受渡確認票」は誰が用意するのか（排出者？収運業者？）
数量…「受渡確認票」のブランク項目は数量のみか。その数量は誰が入れるのか

●電子マニフェストの数量の登録

排出者、収運業者、処分業者間で、
「数量」の確定者を3者のうち誰かを決めておきましょう！

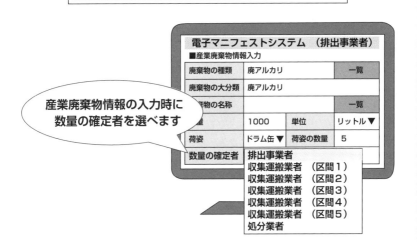

産業廃棄物情報の入力時に
数量の確定者を選べます

電子マニフェストシステム　（排出事業者）

■産業廃棄物情報入力

廃棄物の種類	廃アルカリ		一覧
廃棄物の大分類	廃アルカリ		
廃棄物の名称			一覧
量	1000	単位	リットル▼
荷姿	ドラム缶▼	荷姿の数量	5
数量の確定者			

排出事業者
収集運搬業者　（区間1）
収集運搬業者　（区間2）
収集運搬業者　（区間3）
収集運搬業者　（区間4）
収集運搬業者　（区間5）
処分業者

学くんの成長日記 —— 第7章のまとめ

この章では、次のことを学びました。

● 水銀に関する改正

蛍光管や乾電池なども水銀使用製品産業廃棄物に区分され、その許可のある処理業者に委託すること

● 電子マニフェストに関する改正

多量排出事業者の
電子マニフェストの義務化

登録期限の３日ルール

2019年4月以降

SUN	MON	TUE	WED	THU	FRI	SAT
					排出	
	登録期限	→	登録期限			

● マニフェストの押印欄の廃止

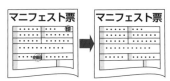

● 電子マニフェストの取り扱い上の注意点

数量の確定者は？

定期的な
登録内容の確認

みどりさんの
ワンポイント アドバイス!

年々改正される法改正内容と、ITでもある電子マニフェストの利用が増えることでの注意点などは理解できた?

はい!　水俣条約やバーゼル条約を受けた改正は納得できるのですが、食品廃棄物の不正転売での改正はなんだか残念な感じがしますね。

そうね。食品廃棄物の不正転売については、この廃棄物処理法の改正に加え、関係者は食品リサイクル法の改正内容も確認しておく必要があるわね。

ITといえば、最近は電子契約の普及で収入印紙代が節約できるようになっていますし、業務の生産性向上の取り組みでは、電子マニフェストの活用は進めるべきというのもよくわかりました。ところでこの後も法改正はつづくのですか?

そうね。廃棄物処理法の改正ではないけど、直近では 2022 年 4 月に通称プラスチック新法が施行される予定なので、その政省令などの内容も今後は注意深く見ておいてね。

そうなんですか?!　そのプラスチック新法で、会社の廃棄物担当として理解しておくべきことはなんですか?

現段階では、政省令はまだ出ていないので、詳細はそれを確認しないとわからない部分もあるけど、プラスチック資源のリサイクル等の促進法なので、企業の自主的な取り組み、環境配慮設計、その回収にかかる認定制度などについて定められることになると思うわ。

そうなんですね。プラスチックについては、ペットボトルの回収が各地で進められているのは知ってはいたのですが、プラスチック全体の資源循環の促進が始まるのですね。ストローなどの有料化が導入されるだけではないようなので、今後は注意深くニュースを見ていくことにしますね。

そうね。この他にもさらに電子機器が増えていくことになると思うので、その充電に使用されるリチウムイオン電池などの廃棄物も増えていくことになりそうね。廃棄物担当としては、リチウムイオン電池の危険性なども社員に伝えていく必要もあると思うわ。

はい!　リチウムイオン電池が爆発したニュースなどもよく耳にしますので、その保管上の注意点、処理委託先の選定なども注意を払いながら進めていきますね!

資料編

自治体独自のルール

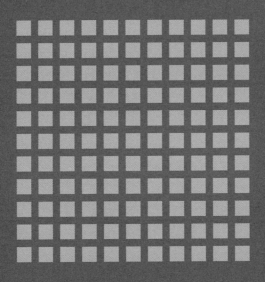

※資料編における自治体のルールは2021（令和3）年9月現在のものです。

❶ 特別管理産業廃棄物

　廃棄物処理法では、特別管理産業廃棄物を有する場合、特別管理産業廃棄物管理責任者の設置を義務付けていますが、次に示す自治体では条例等により特別管理産業廃棄物に関する独自のルールを定めています。特別管理産業廃棄物を保管している場合、排出する事業場ごとにそのルールを確認しておきましょう。

● 特別管理産業廃棄物を生ずる事業場を設置した際に、設置等の日から規定の期日以内に、所定の様式による届出が必要（管理責任者情報を含む）。

横浜市	豊田市	一宮市
愛知県	豊橋市	
名古屋市	岡崎市	

● 特別管理産業廃棄物管理責任者の設置等の日から規定の期日以内に、所定の様式による届出が必要。

北海道	高崎市	東京都	愛知県
札幌市	埼玉県	八王子市	名古屋市
旭川市	さいたま市	横浜市	豊田市
函館市	川越市	川崎市	豊橋市
岩手県	越谷市	金沢市	岡崎市
盛岡市	川口市	岐阜市	一宮市
群馬県	千葉市	静岡県	神戸市
前橋市	船橋市	浜松市	広島市

● 年に1回、規定の期日までに、所定の様式による特別管理産業廃棄物の排出実績の報告が必要。

岩手県	金沢市	名古屋市
盛岡市	長野県	
横浜市	静岡県	

● 特別管理産業廃棄物を生ずる事業場の設置の届出 … ○○(県、市) ※＿＿(下線)で表記
● 特別管理産業廃棄物管理責任者の届出 … ○○(県、市) ※赤字で表記
● 特別管理産業廃棄物の排出実績報告 … ○○(県、市) ※░░░(網かけ)で表記

特別管理産業廃棄物を生ずる
事業場の設置の届出

特別管理産業廃棄物
管理責任者の届出

特別管理産業廃棄物の
排出実績報告

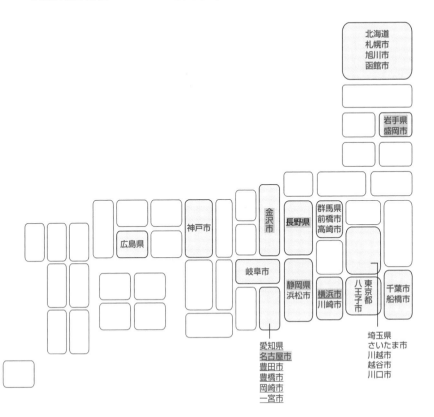

北海道
札幌市
旭川市
函館市

岩手県
盛岡市

広島県

神戸市

金沢市

長野県

群馬県
前橋市
高崎市

岐阜市

静岡県
浜松市

横浜市
川崎市

東京都
八王子市

千葉市
船橋市

愛知県
名古屋市
豊田市
豊橋市
岡崎市
一宮市

埼玉県
さいたま市
川越市
越谷市
川口市

❷多量排出事業者

　廃棄物処理法で定める多量排出事業者とは、その事業活動に伴って多量の産業廃棄物を生ずる事業場を設置している事業者であり、産業廃棄物の前年度の発生量が合計1,000トン以上、又は、特別管理産業廃棄物の前年度の発生量が50トン以上の事業場を設置している事業者（中間処理業者は除く）です。多量排出事業者には、廃棄物の減量や適正処理に関する処理計画及び実施状況報告の作成と都道府県知事への提出が義務付けられています。なお、都道府県等によっては、発生量がこれらの数値を下回っている場合でも、行政指導等により進めている場合もあります。

◉処理計画の作成・提出

　多量排出事業者は、次の①〜⑩に示す内容に関する処理計画を定められた様式で作成し、当該年度の6月30日までに都道府県知事等に提出する必要があります。

　多量排出事業者による処理計画の作成の制度は、事業者の自主的な取組を推進するとともに、これを通じて減量化等を推進する趣旨のものであるため、各事業者は、その事業内容や廃棄物の種類、性状等に応じて、計画の内容を柔軟かつ自主的に定めることができます。　（法第12条第9項、法施行規則第8条の4の5、法施行規則様式第2号の8）

　①氏名又は名称及び住所並びに法人にあっては、その代表者の氏名

　②計画期間

　③当該事業場において現に行っている事業に関する事項

　④（特別管理）産業廃棄物の処理に係る管理体制に関する事項

　⑤（特別管理）産業廃棄物の排出の抑制に関する事項

　⑥（特別管理）産業廃棄物の分別に関する事項

　⑦自ら行う（特別管理）産業廃棄物の再生利用に関する事項

　⑧自ら行う（特別管理）産業廃棄物の中間処理に関する事項

　⑨自ら行う（特別管理）産業廃棄物の埋立処分または海洋投入処分に関する事項

　⑩（特別管理）産業廃棄物の処理の委託に関する事項

●実施状況の報告

多量排出事業者は、作成した処理計画の実施状況に関する報告書を、定められた様式で作成し、翌年度の６月30日までに都道府県知事等に報告する必要があります。

報告された内容は、都道府県知事等によりインターネットの利用により速やかに公表されます。（法第12条第10項、法施行規則第8条の4の6、法施行規則第8条の4の7、規則様式第2号の9）

●条例等による多量排出事業者の義務

前述の法律の規定とは別に、以下の自治体の条例や要綱などの定めにより多量排出事業者に対して処理計画や実施状況報告の作成、提出などの義務が生じることがあります。

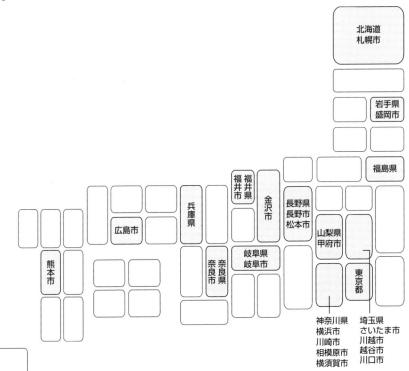

❸ 事前協議制度

　都道府県を越えて産業廃棄物が広域的に処理されることは法律では禁じられてはいませんが、県外の産業廃棄物を県内の処理業者で処理する際に、条例等でそれを規制している自治体が数多くあります。

　一般的に「事前協議制度」と呼ばれ、どうして県をまたいで県内の処理業者で処理するのかをその自治体と協議するという制度となります。

　以下は事前協議を行うことになっている自治体ですが、建設廃棄物のみが対象、排出量〇トン以上が対象、最終処分場のみが対象など、その内容はそれぞれ異なるため、各自治体のルールを確認する必要があります。また、事前協議を行うだけでなく、実績の報告も必要になるところもありますので注意が必要です。

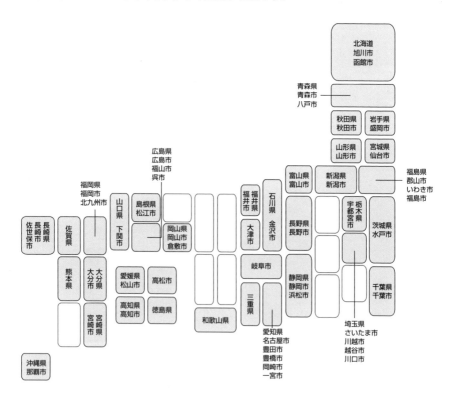

❹実地確認

　廃棄物処理法では第5章のとおり処理委託先の実地確認は努力義務となっていますが、以下の自治体では実地確認等が条例等で義務づけられています。具体的には、「排出事業者は、その事業活動に伴って生じた産業廃棄物の処分を処分業者に委託するときは、毎年1回以上定期的に処分の実施の状況を確認し、その結果を記録すること」などと規定されています。ただし、法律と同様に努力義務のような規定であったり、実地確認"など"と実地確認とは限らない方法も含まれていたり、1年以上継続して委託する場合であったりなど、規定される内容はそれぞれ異なりますので、各地域の処理業者に処理委託する際は、その内容を各自治体に確認する必要があります。

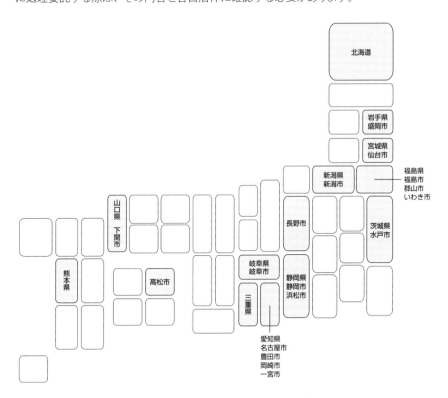

❺ 産業廃棄物税

　埋立処分される産業廃棄物の発生の抑制、減量化や適正処理の促進などを目的として、以下の自治体では産業廃棄物税を導入しています。多くの自治体が1トンにつき1000円の税額を導入していますが、対象となる事業者や課税方法も様々ですので、各地域の処理業者に処理委託している場合は、各自治体に確認することをおすすめします。

◉ 最終処分業者特別徴収方式

● 最終処分場に搬入、処理委託する排出事業者及び中間処理業者

北海道	宮城県	福島県	京都府	島根県	山口県	沖縄県
青森県	秋田県	新潟県	奈良県	岡山県	愛媛県	
岩手県	山形県	愛知県	鳥取県	広島県	熊本県	

◉ 焼却処理・最終処分業者特別徴収方式

● 焼却処理や最終処分場に搬入、処理委託する排出事業者及び中間処理業者

福岡県	佐賀県	長崎県	大分県	宮崎県	鹿児島県

◉ 事業者申告方式

● 中間処理場や最終処分場へ搬入、処理委託する排出事業者及び中間処理業者

三重県	滋賀県

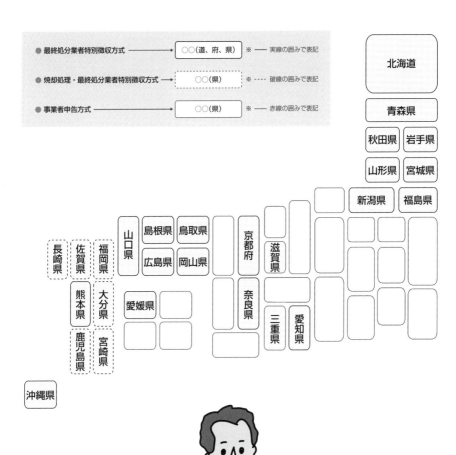

● 最終処分業者特別徴収方式 ────→ ○○(道、府、県) ※ ── 実線の囲みで表記

● 焼却処理・最終処分業者特別徴収方式 ─→ ○○(県) ※ ---- 破線の囲みで表記

● 事業者申告方式 ──────────→ ○○(県) ※ ── 赤線の囲みで表記

北海道

青森県

秋田県　岩手県

山形県　宮城県

新潟県　福島県

島根県　鳥取県　　京都府　滋賀県

山口県　広島県　岡山県　　奈良県

長崎県　佐賀県　福岡県

熊本県　大分県　愛媛県　　三重県　愛知県

鹿児島県　宮崎県

沖縄県

産業廃棄物税

排出事業者が負担

お わ り に

　廃棄物処理法は、どこに向かっていくのでしょうか?

　この問題を考えるにあたって、産業廃棄物と一般廃棄物の現状に目を向けてみましょう。まずリサイクル率については、第2章の最後でも触れたように、産業廃棄物のリサイクル率は一般廃棄物のそれを大幅に上回っています。次に一般廃棄物の処理施設については、多くの自治体が抱える財政難の問題から、市町村の焼却施設は老朽化しているという事実があります。さらに国際協調の視点からは、日本の廃棄物行政、法律は諸外国と類似している点が少なく、日本の廃棄物処理システムが開発途上国への支援や、諸外国間の連携などの障壁となってしまっていることは否定できません。

　このような事実を踏まえて、私は産業廃棄物と一般廃棄物の区分の壁を低くすることを提案したいと思います。具体的には、一般廃棄物であっても自治体の判断により産業廃棄物処理施設で処理することができるような法改正がなされ、さらに一般廃棄物と産業廃棄物を区分することなく「廃棄物」として運用されることが望まれます。そのようになれば、リサイクル率の向上によって資源循環の促進につながり、老朽化した焼却施設問題も解決に向かい、さらに新たな廃棄物処理システムによって国際協調も進むことが期待できるでしょう。

　廃棄物処理法はこれまで、「適正処理」や「資源循環」を推し進めてきました。その成果は不法投棄件数の減少などに表れてはいますが、平成28年1月の食品廃棄物の横流し事件などを見ても、なかなか不適正処理はなくならない現実もあります。このような不適正処理を取り締まるために規制行政というのは続けていかざるを得ないのかもしれません。しかしこの規制行政や規制強化だけでは前へ進むことはできず、これから先に待ち受けている資源の枯渇や、今後さらに増えていくことが予想される官民一体での運営なども視野に入れて、次の段階の廃棄物行政、新しい廃棄物処理システムの構築が進むことを切に願っております。

　縁あって私は発行元の産業環境管理協会の機関誌「環境管理」にフロン排出抑制法の記事を寄稿したことをきっかけに、同協会主催の研修会の講師を務めさせていただき、そしてこのたび、本書を上梓する運びとなりました。この本には、廃棄物管理コンサルタントとしての経験や、委託先監査業務を通じて得た知識、知見が盛り込まれています。

　最後に、本書の刊行に際して助言や指摘をいただきました産業環境管理協会の大岡健三氏、加々美達也氏、柏木勇人氏にこの場を借りて深く感謝申し上げるとともに、本書が廃棄物管理の業務に携わる読者とって少しでもお役に立つものとなることを願っております。

坂本　裕尚

◎ 読者特典

第5章で紹介している委託先の監査に役立つサンプル文書がダウンロードできます。

- 委託先監査事前調査シート
- 現地監査チェックシート
- 委託先監査報告書

ダウンロードサイト・QRコード

https://www.haikibutsukanriguide.com/download/

ご利用上の注意

- ・本書の購入者に限り、文書データを加工・編集の上ご利用いただけます。
- ・著作権法により認められる場合を除き、再配布、複製、譲渡、販売等に関する行為は禁止されています。
- ・著作者及び発行元は、本文書に関する運用には一切の責任を負いません。読者の責任にてご利用ください。

執筆者紹介

坂本 裕尚 （さかもとひろなお）

1993年法政大学卒業。リサイクル会社の法務部として企業法務業務や経営管理業務を経て、廃棄物管理を主とした環境コンサルタントとして数多くの大手企業のコンサルティング業務に従事。企業内研修会の講師や、自治体や各都道府県の産業廃棄物協会などが主催する廃棄物管理セミナーの講師を多数経験。2015年（一社）産業環境管理協会の機関誌である「環境管理」にフロン排出抑制法に関する記事を寄稿、同会主催の公害防止管理者等リフレッシュ研修会の講師を担当。

『はじめての廃棄物管理ガイド』特設サイト

　このサイトでは、本書と同じように正しい情報をわかりやすく皆様にお届けしています。

　廃棄物に関するニュースや法改正情報など、最新の廃棄物管理の実務に役立つ情報をタイムリーにお届けします。

　メルマガ購読者には、月に1回程度、耳よりな情報を配信していますので、皆様のご登録をお待ちしています。

　また、実務でお困りの際は一般的なご相談に限り承っておりますので、気兼ねなくお問い合わせください。

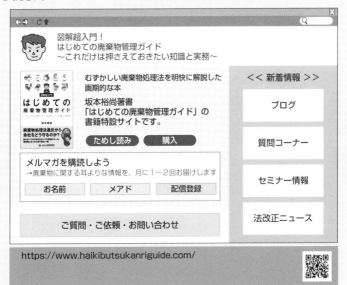

図解超入門！
はじめての廃棄物管理ガイド【改訂第2版】
これだけは押さえておきたい知識と実務

2021年11月30日発行

著 者：坂本 裕尚
発行所：一般社団法人 産業環境管理協会
〒101-0044 東京都千代田区鍛冶町 2-2-1（三井住友銀行神田駅前ビル）
TEL　03-5209-7710
FAX　03-5209-7716
URL　http://www.e-jemai.or.jp

発売所：丸善出版株式会社
〒101-0051 東京都千代田区神田神保町 2-17
TEL　03-3512-3256
FAX　03-3512-3270
URL　http://pub.maruzen.co.jp

装丁・本文デザイン：テラカワ アキヒロ（Design Office TERRA）
イラスト：池田 翠
印刷所：三美印刷株式会社